가로세로 낱말

과학
용어
퍼즐

가로세로 낱말

과학 용어 퍼즐

ⓒ 이보경, 2018

초판 1쇄 인쇄일 2018년 8월 27일
초판 1쇄 발행일 2018년 9월 5일

지은이 이보경
펴낸이 김지영   펴낸곳 지브레인[Gbrain]
편집 김현주
마케팅 조명구   제작·관리 김동영

출판등록 2001년 7월 3일 제2005-000022호
주소 04021 서울시 마포구 월드컵로7길 88 2층
전화 (02)2648-7224   팩스 (02)2654-7696

ISBN 978-89-5979-568-5 (03400)

가로세로 낱말

과학
용어
퍼즐

이보경 지음

지브레인

 머리말

과학이라는 분야는 우리가 갖는 관심과 호기심에 비해 너무 먼 신기루와 같이 느껴질 때가 대부분이다. 몇 년 전 상영되었던 영화 〈인터스텔라〉는 한국 흥행 성적만을 보더라도 과학에 대한 우리나라의 관심과 사랑이 어느 정도인지를 충분히 느낄 수 있었다. 영화 제작자도 놀랐을 만큼 과학에 대한 우리나라 사람들의 해박한 지식과 열정은 대단했다. 이는 앞으로 우리나라의 발전을 위한 자산이 되어줄 것이다.

이처럼 많은 사람들에게 잠재되어 있는 과학에 대한 열정과 관심을 해소하고 과학을 좀 더 쉽고 재미있게 이해했으면 하는 마음을 담아《과학 용어 퍼즐》을 만들게 되었다.

《과학 용어 퍼즐》은 과학의 대표적인 4영역인 물리, 화학, 지구 과학, 생명과학 분야의 용어들을 중학교, 고등학교 교과서를 기준으로 다양하게 소개하고 있으며 학생들뿐만 아니라 어른들까지도 즐기는 마음으로 가볍게 접근할 수 있도록 구성했다.

자신이 잘 알고 있는 과학용어는 다시 한번 확인할 수 있는 기회가 되고 잘 알지 못했던 과학용어는 인터넷이나 책을 검색해보고 찾아가는 과정을 통해서 즐기며 과학과 더 많이 친해질 수 있는 계기가 되기를 바란다.

이보경

1) 《가로세로 낱말 과학 용어 퍼즐》에 나오는 과학 용어 퍼즐들은 고교 과학 교과서를 기준으로 했기 때문에 대부분 우리가 알고 있는 과학 용어들입니다. 하지만 쉽게 기억을 떠올리지 못할 수 있습니다. 조급해하지 마시고 즐기는 기분으로 인터넷에서 찾아보며 풀어 가시길 바랍니다. 다양한 방법을 이용한 퍼즐 풀이는 그만큼 확실한 기억으로 남게 될 것입니다.

2) 《가로세로 낱말 과학 용어 퍼즐》에서는 교과서를 기준으로 한 만큼 최근 바뀐 과학 용어들을 소개하고 있지만 과거 우리가 배웠던 과학 용어도 있을 수 있습니다.

3) 띄어쓰기가 된 곳은 ★로 표시했습니다.

4) 부록에 퍼즐 속 과학 용어들에 대한 소개와 사진을 담아 좀 더 이해하기 쉽도록 안내하고 있습니다.

5) 한 퍼즐당 대략 14~23문제 정도가 소개되었습니다. 설명을 다르게 해서 같은 과학 용어를 소개한 것도 있습니다.

6) 재미있게 푸는 동안 내가 가진 지식의 양도 늘 것입니다. 퍼즐이므로 즐기며 활용해보시길 바랍니다.

CONTENTS

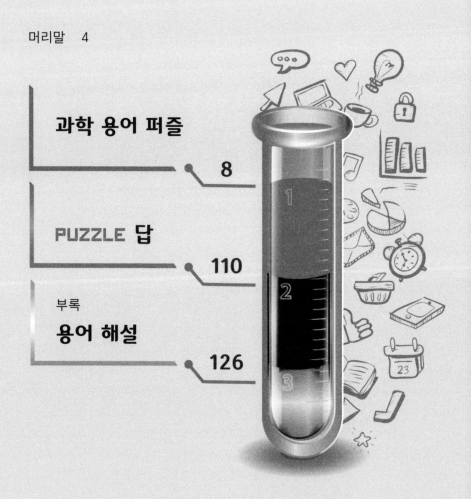

과학 용어
퍼즐

2 해변으로부터 깊이 약 200m까지의 완만한 경사의 해저지형.

4 물질이 산소와 결합하는 현상.

6 고생대 실루리아기부터 쥐라기까지 바다에 번성하던 화석조개.

9 '행성운동' 제 1, 2법칙을 발표한 독일의 천문학자.

10 전기적으로 중성인 소립자.

11 우주공간에 있는 천체로부터 복사되는 전파를 관측하기 위한 장치를 총칭하는 말.

1 대륙사면과 대양저 사이에 완만하게 펼쳐진 경사면.

3 화학식 H_3BO_3.

5 용암이 지표면에서 식어 굳어진 암석들의 총칭.

7 크기의 단위가 10억분의 1미터인 초미세 입자.

8 머리에 세 개의 뿔과 넓은 프릴을 가진 백악기 후기에 살았던 초식공룡.

10 아인슈타인이 일반상대성이론에서 존재를 예측한 파동으로 매우 미약하여 측정이 쉽지 않았으나 2015년 라이고 관측소에서 포착해 증명됨.

¹↓대								
²→대		³↓						
		⁴→산	⁵↓					
		⁶→암		⁷↓		⁸↓		
				입		⁹→케		
		¹⁰↲						
		력						
	¹¹→	파						

➡️ 가로 열쇠

2 석회암이 변성되어 만들어진 변성암으로, 건축 재료로 많이 사용된다.

4 "용불용설"을 주장한 프랑스의 진화론자.

6 척추동물의 한 종류로 젖을 먹여 새끼를 키우는 동물.

7 액체가 기체가 될 때 외부에서 흡수하는 열.

9 우리 은하에서 가장 가까이 위치한 은하.

12 양쪽에서 미는 힘에 의해 발생한 단층.

13 고생대보다 앞선 시대를 통틀어 부르는 말.

⬇️ 세로 열쇠

1 중생대 2기. 거대한 파충류가 육상에 살았고 바다에서는 암모나이트가 번성했던 시기.

2 뜨거워진 공기가 위로 올라가고 차가운 공기가 아래로 내려오는 원리를 이용하여 전체적으로 데워지는 현상.

3 지층에 석탄이 다량으로 함유되었던 시기로 6개의 고생대 분류 중 5번째에 해당하는 시기. 거대한 양치식물과 양서류가 번성했고 파충류와 곤충류가 출현했다.

5 현 백인의 조상으로 추정되며 맨 처음 발견된 프랑스 남부의 동굴 이름을 따서 명명된 구석기 시대의 화석인류. 수렵생활을 했으며 뛰어난 동굴벽화를 남겼다.

6 1954년 IBM 704에서 과학적인 계산을 하기 위해 시작된 컴퓨터 프로그램 언어.

8 열의 많고 적음을 나타내는 양.

10 하천 양쪽에 좁고 긴 계단 모양으로 형성되어 있는 평평한 지형으로, 하천의 범람 수위보다 높아 피해를 보지 않는 계단 형태의 지형.

11 봄부터 여름에 걸쳐 담수의 바위 등에서 볼 수 있는 짙은 녹색을 띤 머리카락 모양의 담수 조류.

1↓ 쥐					2↱	3↓		
4→	르	5↓	6↱		류			
						7→ 기		8↓
		9 마		10↓			량	
			12→ 역	단				
11↓								
13→ 캄								

➡️ 가로 열쇠

1 나무를 가로로 잘랐을 때 보이는 둥그런 동심원 모양의 무늬.

3 정자와 난자의 핵이 만나 만들어진 것.

4 태양계의 6번째 행성.

5 심장에서 온 몸으로 나오는 혈액을 보내는 큰 줄기의 혈관.

6 토성의 제3위성으로 프랑스 천문학자 카시니가 발견함.

9 화학식 $C_6H_{12}O_6$이며 단당류로 모든 생물에 중요한 에너지원으로 쓰임.

11 성 염색체의 하나로 남녀 모두에게서 발견됨.

13 원형질에서 핵을 제외한 나머지 부분.

15 세포 내에 존재하며 호르몬이나 항원, 빛 따위의 외부 인자와 반응하여 세포 기능에 변화를 일으키는 물질.

⬇️ 세로 열쇠

1 식물의 잎에서 세로로 긴 잎 맥 모양.

2 남성 호르몬.

7 엘런 머스크가 창설한 민간 우주선 개발 업체.

8 뉴런을 구성하는 한 부분으로 핵을 포함하고 있는 세포 본체.

10 복합 단백질로서 단백질에 탄수화물이 결합되어 있음.

12 유전자를 구성하는 염기의 배열순서.

14 더 이상 녹을 수 없는 상태의 용액.

		1↱		2↓ 테						
3→		란								
			4→							
5→		맥								
			6→ 테		7↓			8↓		
								9→ 포		10↓
					11→ X	12↓				
								13→ 세	14↓	
								15→ 용		

답 112P

➡ 가로 열쇠

1 그리스 거인 신의 이름을 딴 토성의 15번째 위성.

3 열대기후의 한 종류로 건기와 우기로 나뉜다.

5 왼쪽이 둥근 반달.

8 잎의 모양을 감상하기 위해 기르는 식물.

10 척추동물의 망막 가장 안쪽에 있으며 색채를 인식하는 세포.

12 원자 또는 원소를 나타내기 위해 간단히 표기하는 기호.

⬇ 세로 열쇠

1 23m의 길이에 몸무게가 20t에 다다르는 초식공룡으로 미국 지역에서 발견되는 쥐라기 후기의 거대한 공룡.

2 원소기호 Rn, 원자번호 86번 원소.

4 소용돌이 모양의 형태로 되어 있는 은하

6 듣기를 담당하며 귀의 가장 안쪽인 내이에 위치하는 청각기관.

7 무척추동물 중 딱딱한 외골격으로 싸여 있고 몸과 다리에 마디가 있는 동물 무리.

9 식물의 잎에서 광합성을 담당하는 곳.

11 등속으로 움직이는 어느 좌표계에서든 물리 법칙이 동일하다는 아인슈타인의 이론.

1↱		2↓					
파							
3→ 사		4↓	★				
	5→ 하		6↓			7↓ 절	
			8→ 관	9↓			
		10→ 추	11↓				
		12→ 원					

3 3억 9500만 년 전부터 3억 4500만 년의 지질시대로 고생대 6기 중 4기에 해당하는 시대.

5 빛이 굴절률이 큰 매질에서 굴절률이 작은 매질로 진행할 때 입사각이 임계각보다 클 경우 경계면에서 100% 반사되는 현상.

7 목성 이후의 행성과 태양계 밖을 조사할 목적으로 1977년에 미국에서 발사한 무인 탐사선 1, 2기.

9 지진이 최초 발생한 근원이 되는 곳.

10 우리 몸의 감각점 중 누르는 힘을 감지하는 점.

12 라듐, 우라늄, 토륨 등의 물질이 방사선을 내는 일이나 성질.

14 지층이나 암석의 갈라진 틈에 마그마가 관입하여 굳은 것.

16 전기장 내에서 단위 전하가 갖는 위치에너지.

17 원소기호 Ir, 원자번호 77번 원소.

1 강한 화산폭발 후 화구가 날아가거나 꺼져서 생긴 곳에 물이 고여서 만들어진 호수.

2 고온의 물체에서 저온의 물체로 열이 이동할 때 고온의 물체가 잃은 열은 저온의 물체가 얻은 열과 같다는 법칙.

4 전기를 흐르게 하는 힘으로 전하의 전위차를 말함.

6 3차원의 공간에 시간이 더해진 차원.

8 주위보다 기압이 낮아 상승기류가 형성되어 날씨가 흐리고 비바람을 동반함.

9 기체의 압력이 진공에 가까운 상태에서 일어나는 방전.

11 슬레이트라고도 하여 점토질의 퇴적암이 변성하여 만들어진 변성암으로 판처럼 쪼개지는 성질이 있어 지붕 등 건축자재로 사용하는 변성암.

13 지구상의 두 지점 간에 전파를 중계해주는 위성.

15 주파수가 비슷한 두 개의 파동이 간섭을 일으켜서 새로운 합성파가 만들어지는 현상.

			1↓					
2↓ 열		3→		4↓				
				5→ 전		6↓ 사		
7→ 보		8↓	호					
					9↳ 진			
		10→ 압	11↓					
★					12→		13↓	
		14→	15↓					
						16→ 전		
			17→					

1 전 세계의 모든 나라에서 공통으로 쓰기 위해 만든 시간.

4 코일 속에 형성된 자기장의 전류를 변화시키면 나타나는 코일 속의 기전력.

6 열을 방출하는 화학반응.

7 위액에 들어 있는 산성 물질.

9 여러 가지 색깔을 만들어낼 수 있는 기본색 세 가지.

11 석회암 지역에서 빗물에 침식되어 형성된 돌리네가 여러 개 연결되어 있는 상태.

13 전압의 다른 말.

14 높은 산에서 아래쪽을 향해 퍼져 있는 변종 구름.

2 중심부에 거대한 블랙홀이 존재하는 것으로 생각되는 천체로 퀘이사라고 부른다.

3 우주가 초고밀도 원자 상태에서 폭발하여 만들어졌다는 우주론.

4 피부, 점막, 내장에 크고 작은 출혈반을 만드는 질병.

5 반도체에 있어서 남아도는 전자를 원자가 전자대에 공급하는 불순물 준위.

8 화석연료를 태울 때 나오는 산성 물질이 비에 섞여 내리는 현상.

10 빛의 파장에 따라 상의 위치나 배율이 달라지는 현상.

12 중심부나 주변에 있는 고온의 별로부터 에너지를 받아 기체나 티끌 등이 빛을 내는 성운.

15 폭풍이나 지진이 원인이 되어 바닷물이 육지로 넘쳐 들어오는 현상.

1→	2↓ 준		3↓	4↱		5↓ 도
		6→ 발	반			
		★		7→	8↓	
9→ 삼	10↓					
				11→ 우	12↓	
13→	차					
				14→ 운	15↓	

1 영국의 기상학자인 해들리에 의해 제안된 무역풍 및 이와 연관된 자오면 순환 양상.

3 여러 개의 항원에 대한 항체를 포함하고 있는 항체.

5 태양과 지구와 달이 일직선에 위치하여 달이 지구의 그림자 안으로 들어가 가려지는 현상.

6 자기장의 방향을 눈에 보이게 나타내는 선.

8 목성에 붉은색으로 보이는 타원형의 긴 반점.

9 태양과 달과 지구가 일직선에 위치하여 달이 태양을 가리는 현상.

10 2억 3천만 년 전에서 1억 8천만 년 전까지 지속 된 중생대의 3기 중 첫 번째 기간.

12 새털구름이라고도 하며 10종의 구름 모양 중 하나.

13 조직과 조직을 연결하거나 지지하는 조직.

1 해안에 가까운 해저에 생긴 평평한 면으로 파도의 침식작용으로 생긴 지형.

2 무성생식의 하나로 버섯, 이끼, 고사리 등의 생식방법.

4 몸 안으로 침투한 바이러스를 약하게 하거나 소멸하게 하는 약.

7 특정한 파장의 빛만 선으로 나타내는 스펙트럼.

9 천체의 별들이 천구의 북극을 중심으로 동심원으로 도는 겉보기 운동.

11 원자 사이의 화학 결합에서 4개의 전자로 이루어진 결합상태.

13 원자나 이온들이 규칙적으로 배열된 고체 상태의 물질.

14 광물이 가지는 고유의 색으로 가루로 만들었을 때 나타나는 색.

	1↱			2↓				3→ 다		4↓	
5→ 월				6→ 자		7↓					
	8→										
			9↓ 일								
						10→ 트		11↓	아		
		12→									
							13↱	합	14↓		

답 113P

1 방사선 원소가 붕괴될 때 함께 방출되는 헬륨원자핵의 흐름.

3 운동하고 있는 물체에 작용하는 힘으로 바닥면이 수직항력에만 비례하는 힘.

7 식세포를 만들기 위한 배수체의 감수분열 시 병렬로 늘어서는 3개 이상의 상동 염색체.

9 세포질 속의 막 구조.

11 감각세포 중 하나로 빛을 받아들여 사물을 볼 수 있게 하는 세포.

12 액체 상태의 물질이 기체 상태로 변화할 때 외부에서 흡수하는 열.

2 파도치듯 물결 모양으로 위아래 겹쳐 이어진 구름으로 편서풍 등이 강할 때 생기는 변종 구름의 하나.

4 산소가 풍부하게 포함된 혈액을 심장 박동으로 온 몸에 보내는 역할을 하는 혈관.

5 '종의 기원' 등 생물진화론을 정립한 영국의 생물학자.

6 폐동맥이 막혀 일어나는 현상으로, 혈액 공급이 부족하여 폐조직의 일부 또는 여러 부분이 죽는 것을 말한다.

8 화학식 HCL. 염소와 수소 화합물.

10 1개의 세포가 2개의 세포로 갈라져 세포의 개수가 불어나는 현상.

	1→	2↓ 파						
	3→	4↓ 동		5↓				
						6↓ 폐		
				★				
				7→ 다		8↓		
					9→ 소		10↓	
				11→ 시				
					12→		열	

답 113P

1 지구의 표면이 여러 개의 판이 모여 만들어졌다는 이론.

3 아미노산이나 펩타이드의 검출 및 정량을 위한 발색반응으로 단백질에 이 용액을 떨어뜨리면 청자색으로 변함.

5 대륙이동설을 주장한 독일 출신 기상학자

7 차가운 극지방의 공기와 따뜻한 열대 지방의 공기를 분리해주는 역할을 하는 커다란 대칭적인 진동파.

8 토양과 암석으로 이루어져 지구 표면을 둘러싸고 있는 것.

10 소장의 점막에 있는 세포.

12 전류가 잘 통하는 물질.

14 귤, 레몬 등 과일류에 많이 들어 있는 산으로 구연산의 다른 말.

16 빛을 반사하는 정도를 수치로 나타낸 것.

2 $C_5H_5N_5O$, 핵산 구성성분인 퓨린 염기의 일종.

4 입자가 가진 파동성을 강조하여 말하는 것으로 물질파동이라고도 하며 이를 주장한 프랑스 학자의 이름을 따 붙여진 명칭.

6 압력, 온도, 크기 등의 각종 물리량을 평가하기 위해 사용되는 기기.

9 관측 기준점을 중심으로 물체가 회전하는 속도를 측정한 물리량.

11 이자에서 십이지장으로 분비되는 단백질 분해효소인 트립신의 전구체.

13 실제 온도와는 달리 사람이 몸으로 느끼는 온도.

15 Al_2O_3, 알루미늄과 산소의 화합물.

¹→판	²↓								
	³→		⁴↓드						
					⁵→베	⁶↓			
			⁷→						
						⁸→	⁹↓		
		¹⁰→파		¹¹↓					
				립			¹²→도	¹³↓	
			¹⁴→			¹⁵↓산			
						¹⁶→		도	

➡️ 가로 열쇠

1 한 물체에 작용하는 모든 힘들의 합력.

3 높은 지대에 살고 있는 식물.

4 동위원소의 존재 비율을 고려한 두 원소의 원자량의 평균값.

5 광물의 겉모양을 이루는 결정의 면이 만든 모양.

6 물체를 마찰시킬 때 양전기와 음전기를 띠는 물질을 순서대로 나열한 것.

8 지구의 기온이 점점 높아지는 현상.

10 공기의 압력.

11 석탄을 액상의 저급 탄화수소로 만드는 일.

⬇️ 세로 열쇠

2 물체에 여러 가지 힘이 작용할 때 합력이 0인 상태.

3 분자량이 매우 큰 거대 분자로 구성된 물질.

5 원자가 공간 내에서 규칙적으로 배열되어 물질을 이루는 구조.

6 공기에 의해 생긴 대기의 압력.

7 물질에 열을 가할 때 물질의 길이나 부피가 늘어나는 현상.

9 화석을 통해 존재가 알려진 인류.

10 액체가 기체가 되는 현상.

12 액화한 질소.

	1→ 알		2↓						
					3↱ 분				
			★		분				
			4→ 평						
	5↱ 결					6↱		7↓ 열	
8→ 구			9↓		10↱				
			11→ 탄	12↓	화				

2 해저에서 발생한 지진이나 단층, 화산폭발 등으로 인해 수면에 큰 파도가 생겨 밀려오는 현상. 쓰나미라고도 한다.

4 평형상태를 유지하고 있던 물질이 외부 자극으로 인해 순간평형이 깨진 후 시간이 지나 새로운 평형상태에 도달하게 되는 것.

5 중성자가 외부에서 중성자를 공급하지 않아도 계속적으로 반응이 일어나는 핵융합 현상.

6 중력장에서 기준점을 중심으로 어느 지점까지 물체를 등속으로 이동시킬 때 작용한 힘이 한 일.

7 뉴턴의 제2운동법칙.

8 별들을 이어 다양한 모양의 동물, 물건 등의 모습을 본 따 만든 것으로 대표적인 것으로는 황도 12궁이 있다.

10 소련에서 만든 세계 최초의 무인 인공위성 계획.

13 호흡을 통해 체내에 흡수된 산소가 세포와 조직을 공격하는 강한 산화력을 발휘하는 산소.

1 뉴턴의 제3운동법칙.

2 태양을 중심으로 지구가 돌고 있다는 학설.

3 대뇌 겉질 아래 깊숙한 안쪽에 위치하며 갈고리 모양을 하고 있는 학습과 기억에 관여하는 뇌의 한 기관.

4 거리를 시간으로 나눈 값.

5 연소에너지를 전기에너지로 바꾸는 전지.

6 초신성의 중심이 붕괴하면서 엄청난 밀도를 가진 초고밀도로 변하여 생성된 별.

9 하천에 의해 침식된 육지가 침강하거나 해수면이 상승해 만들어진 해안.

11 달 표면에 있는 크고 작은 구멍으로 원인은 운석이나 화산폭발로 추정하고 있음.

12 비누, 샴푸 등에 들어 있으며 세정제로 쓰이는 물질.

크로스워드 퍼즐

									1↓	
		2↱	진	★	3↓					
	4↱평						5↱연			
6↱중		★	텐		★					
									★	
				7→			의	★		
8→		9↓								
		10→스		11↓	★	12↓계				
		★			13→					

1 이상기체를 압력, 부피, 온도의 함수로 다룰 때 사용하는 보편상수로, 기호는 k를 쓴다.

3 지구의 둘레를 돌며 통신, 군사, 기후 등의 다양한 이용을 위해 쏘아올린 인공물.

7 상공 2,000m 미만의 낮은 고도에서 발생하는 하층 구름으로 모양은 둥글둥글 하거나 얇은 판 모양으로 구름 조각들이 모여 만들어진 구름.

8 파면의 각 점들은 새로운 파원이 되면서 파동이 전파된다는 파동의 전파를 설명하는 원리.

10 물체가 어떤 면과 접촉하여 운동할 때 그 물체의 운동을 방해하는 힘.

11 고온의 별에서 나오는 에너지에 의해 가스가 빛을 내는 성운.

13 성염색체의 유전자로 인해 생기는 유전 현상.

15 식물의 줄기와 뿌리의 끝에서 세포의 증식, 기관 형성 등을 담당하는 부분.

1 세계 최초의 전기로, 아연판과 구리판을 두 극으로 사용한 간단한 전지.

2 우주의 모든 물체에 작용하는 서로 끌어당기는 힘. 지금은 중력이라고 부른다.

4 뇌하수체 전엽에서 분비되는 호르몬의 하나로 생물의 성장을 촉진시킴.

5 주기율표의 17족에 속하는 원소들로, 플루오르, 염소, 브로민(브롬), 아이오딘(요오드) 등이 속함.

6 흑색, 흑갈색, 흑녹색을 띤 운모와 같은 결정구조를 가지는 광물.

7 퇴적 과정에서 퇴적물질의 변화에 의해 층상구조가 생기는 현상.

9 핵분열 연대반응을 이용하여 발생시킨 수증기로 발전하는 방식

14 생식세포에 의해 새로운 개체를 만드는 생식방법.

12 X와 Y염색체가 있으며 성을 결정하는 염색체.

1↱	츠	2↓								
	3→인		4↓		5↓				6↓	
							7↱			
			8→호			9↓	리			
					10→					
							★			
							11→발		★	12↓
			13→		14↓유					
					15→				체	

➡️ 가로 열쇠

4 핵막으로 둘러싸인 핵을 가지고 있으며 세포질에서 분리되어 있는 세포.

5 쌍떡잎식물에서 보이는 곧게 뻗어나가는 뿌리.

6 원자가 모여 이루어진 물질.

7 물체의 속력과 방향이 바뀌지 않고 일정하게 움직이는 운동.

9 화학반응에서 반응물이 생성물과 섞이지 않고 불균일 혼합물을 형성하는 촉매.

10 식물의 잎살을 구성하는 조직 중 하나. 세포들이 불규칙하게 배열되어 있는 물질의 이동 통로로 책상조직보다 광합성이 적게 일어난다.

12 염산을 이용해 이산화탄소를 발생시킴으로서 방해석을 구별해내는데 이용되는 반응.

13 빗물이 땅속으로 스며든 후 지표층으로 다시 솟아오르는 물.

⬇️ 세로 열쇠

1 식물의 책상조직을 이르는 말.

2 동맥과 정맥을 이어주는 미세한 혈관으로 산소와 영양분 등의 물질교환을 담당한다.

3 원소기호 Hg, 원자번호 80번 원소.

4 중력의 영향 하에서 전후로 자유롭게 움직일 수 있도록 한 점에 고정되어 매달려 있는 물체의 운동.

7 자기장 안에 같은 전위를 갖는 점.

8 마그마와 접촉하여 성질이 변한 변성암.

9 물질을 겉불꽃에 넣었을 때 금속 원소의 종류에 따라 나타나는 특정한 불꽃색.

11 혈액 속의 혈구를 만드는 작용.

12 HCl.

			1↓ 울			2↓		
	3↓				4↳			
5→			리	6→	자			
	7↳ 등							
							8↓	
				9↳ 불				
10→		11↓ 직						
			12↳					
		13→ 천						

2 강한 바람이 산악을 넘을 때 하강기류가 형성되어 생기는 난기류로 항공사고의 원인이 되기도 한다.

3 세페우스 자리를 대표하는 맥동 변광성.

5 판게아 초대륙에서 남반구와 북반구로 갈라진 두 대륙 중 북반구에 해당하는 가상의 대륙.

7 가장 단순하며 기본적인 형태를 가지는 진동.

9 음력 7월 15일 백중 전후 3~4일 조수간만의 차가 가장 큰 상태.

11 마찰 없이 금속 안의 자유전자의 이동으로 전기를 유도해낸 것처럼 된 상태.

12 오랜 세월 동안 지구가 줄어들고 있다는 지구 형성 가설.

1 바람이 해면에 일정한 방향으로 계속 불 때 바람과 해면과의 마찰로 일어나는 해수의 흐름.

2 미국 캘리포니아 주에 있는 변환단층.

4 해류나 바람의 작용에 의해 바다를 표류하고 있는 얼음. 유빙의 순우리말.

5 위성이 모행성에 부서지지 않고 접근할 수 있는 한계 거리.

6 블랙홀이 주변 물질을 집어삼키는 에너지에 의해 형성되는 거대 발광체로 준성 전파원이라고 한다.

8 현재 지구에서 일어나는 지질학적 변화는 과거 지질시대를 통하여 현재와 똑같은 과정과 속도로 일어났다는 학설.

9 4억 년 전부터 6500만 년 전에 해당하는 기간으로 중생대 3기 중 마지막 시대.

10 지질시대에 생성된 암석에 분포하고 있는 잔류자기.

					¹↓ 취			
		²↱						
³→ 세		드		⁴↓				
⁵↱							⁶↓	
		⁷→ 단	⁸↓					
					⁹↱		사	
	¹⁰↓		¹¹→ 정				
¹²→ 지								

1 시간의 크기와 길이는 불변의 것이 아니며 좌표계에 따라 달리 보인다는 아인슈타인의 이론.

3 2개의 난자가 따로 배란되어 각각 수정이 되어 생긴 2개의 태아.

6 잎의 몸 부분을 지지하는 곳으로 잎 몸과 줄기를 잇는 관다발이 있는 곳.

8 세포소기관의 하나로 세포호흡에 관여하며 에너지를 생산하는 공장이라고 불림.

9 몸이 부드러운 무척추 동물로 오징어, 문어 등이 있다.

11 한랭건조한 성질의 대륙성 기단으로 주발원지가 시베리아, 외몽골 지역이다.

12 중성 화산암의 총칭.

14 100광년 정도의 크기를 가지고 있으며 수 백 만개의 별이 공 모양처럼 모여 있는 성단.

1 일반상대성이론에서 블랙홀이 붕괴하게 된다는 이론적인 점으로 이 점에서 빅뱅이 일어나 원시우주가 만들어졌다고 함.

2 우리은하와 동반은하로 두 개의 은하로 구성되어 있으며 그중 시지름의 크기가 큰 은하를 말함.

4 씨앗에서 처음 나오는 잎이 두 장인 식물.

5 천연광물 중 가장 굳기가 강한 탄소 결정체.

7 혈흔 감식에 쓰이는 화합물.

9 지구가 공전운동을 함에 따라 천체를 바라보았을 때 생기는 시차.

10 하천 양쪽에 좁고 긴 계단 모양으로 형성되어 있는 평평한 지형.

13 양쪽에서 잡아당기는 힘에 의해 형성된 단층.

			²↓대							
¹↱										
		³→이		⁴↓						
									⁵↓다	
				⁶→		⁷↓				
				★		⁸→미				
		⁹↱연				¹⁰↓				
						¹²→				
¹¹→				★		단			¹³↓	
						¹⁴→				
									층	

답 115P

2 지구의 북극과 남극을 연결한 큰 원.

3 양성자와 함께 원자핵을 이루고 있는 입자.

4 천구의 북극에 위치하고 있는 별로 작은 곰자리의 알파별.

6 상류의 좁은 협곡을 빠르게 흐르던 물의 속도가 중류의 넓은 평야 지대를 지나면서 급격히 감속해 퇴적작용이 일어나 만들어지는 부채꼴 모양의 지형.

8 자기력이 작용하는 공간.

9 가시가 나 있고 방사형 몸을 가진 동물로 해삼, 불가사리 등이 대표적이다.

11 의욕, 행복, 기억, 인지, 운동 조절 등 뇌에 다방면으로 관여하는 신경전달 물질로 흥분과 쾌락에 관여함.

13 꽃을 구성하는 4요소 중 하나로 꽃잎과 씨방을 받치고 있는 부분.

14 좌우 대칭으로 평평하고 납작한 몸을 가지고 있는 동물로 플라나리아, 기생충 등이 대표적이다.

1 지구 밖 천체 중 유일하게 활화산을 가진 목성의 위성.

2 자기력의 방향을 나타내는 선.

3 전기적으로 중성이며 질량이 0에 가까운 매우 가벼운 소립자.

5 입만 있고 항문은 없으며 위장과 같은 간단한 몸 구조를 가지고 소화, 흡수하며 산호, 해파리, 말미잘 등이 있다.

7 두 물체가 움직이고 있을 때 한 물체에서 바라본 다른 물체의 속도.

10 낙뢰를 땅으로 흡수시켜 안전사고에 대비하기 위해 건물 꼭대기에 만든 뾰족한 막대 모양의 장치.

12 꽃이 피지 않고 포자를 이용하여 번식하는 식물.

	1↓					
2↱	오			3↱		
		4→				
					5↓	강
6→	7↓ 상			8→ 자		
			9→ 극	10↓		
	11→	12↓				
		13→ 꽃				
14		물				

답 115P

➡️ 가로 열쇠

2 유수에 의한 침식작용으로 생긴 계곡.

4 단층 작용으로 산지 부분이 융기하거나 침강하여 만들어진 높은 산지 지형.

6 세종대왕 시기에 만들어진 해시계.

7 지구의 표면을 구성하는 많은 판 중에 육지에 해당하는 판.

9 맨틀의 대류로 인해 해저 산맥의 꼭대기가 갈라져 생기는 틈.

10 유전 정보를 담고 있는 게놈의 배열 상태를 나타낸 것.

12 가을에 볼 수 있는 별자리로 은하수 근처의 북쪽에 W 모양을 하고 있는 별자리.

14 AM과 FM이 있으며 다른 곳에 흡수되지 않고 잘 반사되어 멀리까지 진행하고 감지가 잘 되기 때문에 통신용으로 많이 이용되는 전자기파.

⬇️ 세로 열쇠

1 지각이 여러 힘을 받아 구부러진 모양의 지층.

3 전자기적인 힘에 의해 물체를 들어 올리는 것.

4 단층 사이에 함몰된 낮은 지대가 길게 연속적으로 나타나는 지형.

5 해구로부터 100km 정도 떨어진 해양판에 맨틀의 작용으로 인해 해구와 나란히 줄지어 생겨나는 화산섬들.

8 지구의 대륙이동이 있기 전 모든 대륙이 하나로 모여 있었다는 베게너의 주장 속 초대륙 명칭.

11 식물의 뿌리가 줄기와 함께 식물이 쓰러지지 않도록 지탱해주는 작용.

13 지구의 고위도에서 발생하며 태양의 플라스마가 지구 자기장에 이끌려 대기로 진입하면서 발광하는 현상.

		1↓					
2→ V	3↓						
	★	4⌐ 지				5↓	
6→ 앙							
		7→		8↓ 판		9→	
				10→		11↓	도
12→		13↓ 오					
		14→		파			

답 116P

2 방사능 세기가 낮은 방사성 폐기물.

5 기압이 같은 지점을 연결한 선.

6 화산 활동의 기록이 없고 현재에도 활동하지 않으며 미래에도 활동가능성이 없는 화산.

8 운동한 거리를 이동시간으로 나눈 값.

9 빗물, 강물, 바람 등의 다양한 원인에 의해 땅이 깎여나가는 작용.

11 유세포로 이루어져 있으며 식물의 대부분을 차지하는 조직.

12 물질이 유수, 파도, 연안류, 빙하 등에 의해 운반되어 쌓이는 작용.

13 저기압이나 전선 부근에서 발달하며 하늘의 낮은 곳에서 넓게 퍼지는 모양을 한 암흑색의 구름 모양.

14 24절기의 하나로 일년 중 밤이 가장 긴 날.

1 고생대의 6기 중 마지막 단계로 2억 7000만 년 전부터 2억 3000만 년 전까지의 지질시대.

2 대기 중에 기압이 주변보다 낮은 것.

3 폐포와 폐의 모세혈관 사이이 일어나는 가스 교환.

4 생물체가 생명 유지를 위해 물질을 흡수, 분해, 배설하는 모든 활동과 변화.

5 가속도가 일정하게 유지되면서 직선으로 운동하는 것.

7 원소기호를 사용해 원자, 분자, 이온을 나타낸 식.

10 자주 사용하는 기관은 발달하고 사용하지 않는 기관은 퇴화 된다는 라마르크 학설.

12 생명체의 어느 한 기관을 사용하지 않아 점점 기능이 약해지거나 사라지는 것.

						1↓				
		2⌐		★	3↓폐	4↓				
		5⌐	압							
						6→사	7↓			
8→평										
						9→	식		10↓	
		★								
11→						12⌐			용	
13→	층									
		14→								

1 한쪽 방향으로의 반응 속도가 매우 커서 역반응이 일어날 수 없을 때의 화학반응.

3 마그마가 식어서 굳어진 모든 암석.

5 유전자.

7 새털구름을 가리키는 구름의 모양 중 하나.

9 다양한 세포로 분화할 수 있기 때문에 여러 장기나 조직을 만들 수 있어 불치병 치료에 많은 관심을 받고 있는 세포.

10 진화론의 아버지. 영국 생물학자.

12 여러 개의 소행성이나 혜성들의 찌꺼기들이 마치 비처럼 지구궤도에 떨어지는 현상.

13 원소를 원자번호 순으로 나열하면 그 성질이 주기적으로 변화한다는 법칙.

14 달의 월식 현상 중 달이 지구의 그림자에 완전히 가려져 보이지 않는 현상.

1 햇빛에 의해 합성되는 지용성 비타민 중 하나로 생명유지에 필수인 영양소.

2 화산 쇄설암의 하나로 화산재가 퇴적되어 만들어진 암석.

4 지상에서부터 10km 까지 해당하는 대류권 위에 있는 권역으로 오존층이 존재하는 곳.

6 바이러스에 감염된 세포나 암세포를 직접 파괴하는 면역세포로 간과 골수에서 만들어지는 백혈구의 하나.

8 운동하고 있는 물체에 작용하는 마찰력

9 보이저 2호가 발견한 천왕성의 위성.

11 우리가 살고 있는 우주 외에도 또 다른 우주가 존재하고 있다는 주장.

12 생식세포 분열을 통해 만들어진 암, 수의 생식세포의 결합에 의해 자손을 번식시키는 방법.

	¹⁰⟶비			★	²↓					
			³⟶	⁴↓						
	⁵⟶	⁶↓N								
				⁷⟶	⁸↓운					
⁹⟶										
엣				¹⁰⟶		★	¹¹↓			
				력						
					¹²⟶					
							¹³⟶주			
			¹⁴⟶	월						

답 116P   47

1 혈액의 주요 성분 중의 하나로 산소와 이산화탄소의 운반을 담당하는 혈구.

3 T세포와 B세포가 있으며 항체를 만드는 세포.

6 평야나 바다에서 발생하는 강력한 고속 소용돌이.

7 중위도에서 적도 쪽으로 부는 항상풍.

9 여름부터 가을밤에 걸쳐 서쪽에서 볼 수 있는 별자리로, 거문고자리에 위치하며 베가라고도 부름.

10 식물이 생식기관인 꽃이 아닌 뿌리, 줄기. 잎을 통해 번식하는 방법.

12 양쪽에서 미는 힘에 의해 생긴 단층.

14 유성이 지구에 떨어질 때 다 타지 않고 남아 떨어지는 파편 암석.

1 햇빛의 프리즘 분산에서 붉은색 가시광선 바깥쪽에 있는 전자기파로 강한 열작용이 특징임.

2 구면상에서 고정된 축에 매달려 움직이는 진자.

4 뇌의 시상하부 중추에 존재하는 혈관수축을 담당하는 신경전달물질.

5 관다발 조직과 물관, 체관 등을 포함하는 식물의 영양과 물을 운반하는 통로 역할을 하는 조직.

7 암,수 생식세포에 의한 생식이 아닌 포자법, 영양생식, 분열법 등의 방법으로 단독 개체에 의한 생식방법.

8 바람의 힘에 의해 전기를 만들어내는 발전.

11 고전역학과 상반되는 역학 이론으로 원자, 분자, 소립자 등의 미시 세계의 역학 관계를 다루는 물리학 이론 체계.

13 층 모양을 하고 있으며 상공 2000m 이하의 낮은 높이에 떠 있으며 안개, 가루눈을 내림.

15 조개나 산호류가 오랜 시간 동안 퇴적되어 만들어진 암석으로 주성분이 탄산칼슘으로 이루어진 암석.

1↱ 적		2↓							
		3→		4↓					
					5↓ 통				
			6→ 토						
						7↱ 무		8↓	
					9→				
				10→ 영	11↓				
				12→ 역		13↓			
						14→	15↓		
							암		

답 116P

1 여성 호르몬.

4 태평양을 중심으로 둘러싸고 있는 조산대.

7 코페르니쿠스가 처음 주장했으며 태양을 중심으로 지구가 돌고 있다는 이론.

8 아인슈타인이 일반상대성이론을 통해 주장했으며 100년 만에 가설이 실제 증명된 파장이다. 질량을 가진 물체의 운동에 의해 생겨 시공간을 뒤틀리게 하는 에너지 파동을 말한다.

9 1초에 측정되는 진동수.

11 원시 지구에 화성 크기의 천체가 충돌하여 생긴 파편이 달이 되었다는 가설.

12 식물의 잎에서 광합성에 의해 만들어진 양분이 줄기나 뿌리로 이동하는 통로.

1 가상의 물질로 빛의 파동이 타고 흐르는 매질.

2 특수상대성이론의 기초가 되는 4차원의 좌표 변환식.

3 쥐라기 시대에 번성한 조류의 시초.

5 온도, 압력, 농도 등을 변환 시켜 평형상태가 깨져 정반응이나 역반응 쪽으로 상태가 이동하는 것.

6 초고밀도의 원시원자가 폭발에 의해 팽창되면서 우주가 형성되었다는 이론.

7 지진에 의해서 발생하는 진동으로 P파와 S파가 있음.

8 지구 지질시대 중 약 2억 4000년 전부터 6,500만 년 전까지의 기간으로 삼첩기, 쥐라기. 백악기가 이 시대에 속함.

10 오줌을 방광까지 운반해주는 가늘고 긴 관.

1↱ 에		2↓ 로						
				3↓				
	4→ 태	5↓			6↓			
				새				
	7↱ 지				★			
8↱					9→ 주	10↓		
생								
11→						12→ 관		

답 117P

➡️ 가로 열쇠

2 같은 온도와 압력 속에서 반응하는 기체와 생성되는 기체 사이에는 간단한 정수비가 성립된다는 법칙.

4 하나의 세로로만 이루어진 생물을 말함.

6 조흔색은 적갈색으로 70%의 철을 함유하고 있는 광물.

8 질량수가 다르지만 원자 번호는 같은 원소.

10 원소기호 I, 원자번호 53번 원소.

12 아보가드로가 제안한 이론으로 몇 개의 원자가 모여 만들어진 입자를 설명한 이론.

14 화합물의 분자 안에 포함 되어 있는 원자를 다른 원자로 바꾸어 놓는 반응.

15 물질의 양.

16 식물 뿌리에서 흡수된 물이 잎까지 이동하는 통로.

⬇️ 세로 열쇠

1 다양한 세포로 분화 할 수 있기 때문에 여러 장기나 조직을 만들 수 있어 불치병 치료에 많은 관심을 받고 있는 세포.

3 액체가 고체로 변화하는 과정.

4 사람에게 필요한 3대 영양소의 하나로 아미노산의 연결체.

5 물이 얼마나 오염되었는가를 알아보는 지표로 미생물이 물속의 유기물을 분해 할 때 필요한 산소량.

7 지하수가 석회암을 녹여 생긴 동굴

9 원심력을 이용하여 물질을 분해하는 기계.

11 수벌이라는 뜻의 무인 항공기.

13 쥐나 토끼류 등이 포함되어 있는 작은 포유류.

		1↓							
	2→ 기		3↓		★			
4↱		5↓	물					
		6→ 적	7↓					
		★						
			8→		9↓			
		★			★			
		10→ 요	11↓		12→	13↓ 설		
						14→		
	15→				기			
						16→		

답 117P

➡️ 가로 열쇠

1 온 몸을 돌며 이산화탄소를 포함한 혈액을 우심방으로 보내주는 혈관.

3 압력과 고열에 의해 변해서 형성된 모든 암석의 총칭.

5 별들 중 가장 밝은 별.

6 나선 모양의 외부 은하.

8 해저에서 발생한 지각운동에 의해 수면에서 발생한 엄청난 크기의 파도.

10 해왕성의 위성 중 가장 큰 위성.

12 동물의 겨울잠.

13 식물의 열매에서 밑씨가 씨방 안에 들어 있는 식물.

15 용액 속에 녹아 있는 분자 상태의 산소.

⬇️ 세로 열쇠

2 밝아졌다 어두워졌다를 반복하는 항성.

4 고생대부터 중생대 백악기까지 바다에서 번성했던 연체동물에 속하는 화석조개.

5 하나의 난자와 하나의 정자가 만나 수정되었으나 분열 과정에서 2개체로 발육하게 된 쌍생아.

7 일 년 중 낮이 가장 긴 절기.

9 입과 항문의 구분이 없고 근육, 신경계 등 몸을 이루는 구조의 분화가 되지 않는 원시동물로 몸은 스펀지처럼 부드럽다고 붙여진 이름.

11 세포질 내에서 단백질을 합성하는 일을 하는 세포소기관.

13 퇴적물이 퇴적암으로 변해가는 과정의 총칭.

14 무색투명하고 부식성이 강한 염화수소수용액.

1→		2↓ 맥								
		3→		4↓						
5⌐ 일				6→			7↓			
						8→		★	9↓ 해	
			10→ 트	11↓						
									12→	
				솜		13⌐ 속				
								14↓		
				15→			산			

1 글루코오스 등 당류를 분해하여 젖산을 생성하는 세균.

4 물을 용매로 하는 용액.

6 2개 이상의 원소가 모여 일정한 비율로 만들어진 순 물질.

8 서로 같은 성질의 세포가 가늘고 긴 관으로 가로나 세로로 붙어 있는 조직.

10 방사선 탄소의 붕괴를 이용하여 물질의 연대를 측정하는 방법.

11 원소기호를 사용해 원자, 분자, 이온을 나타낸 식.

13 역단층의 종류로 상위 지층이 하위 지층 위로 올라간 구조이며 경사도는 45도 이하인 단층.

15 암, 수의 생식 기관에 의한 번식이 아닌 단독 개체에 의한 생식으로 출아법, 포자법 등이 있음.

16 가을 남쪽 중천에서 볼 수 있는 별자리로 황도 12궁의 제11자리에 해당함.

2 광물이나 원소 등이 산소와 만나 결합하는 작용으로 공기 중에서 발생하며 철성분을 함유하는 물질을 붉게 만든다.

3 전지 여러 개를 서로 다른 극끼리 연결하는 방법.

5 질소를 액체로 만든 것.

7 식물의 뿌리에서 흡수된 물이 잎으로 이동하는 통로.

9 퇴적층의 퇴적이 오랜 시간 중단되어 있다가 다시 퇴적되어 나타나는 지층.

10 3대 영양소의 하나로 당류라고도 함.

12 곤충을 잡아먹는 식물.

14 상공 2000m 미만에서 둥글둥글한 구름 조각들이 모여 만들어진 구름.

1→	2↓									
	화					3↓				
4→		5↓ 액								
		6→		7↓		★				
				8→		직				
									9↓	
				10↱		★			정	
				11→ 화		12↓				
						13→		★	14↓ 층	
						★				
		15→				식				
						16→				

1 모래나 진흙이 굳어진 퇴적암이 높은 열과 압력으로 변성되어 만들어진 광역 변성암.

3 은백색의 고광택 금속. 주석만큼 무르고 녹는점과 끓는점이 낮은 편이다. 원자번호 48. 원소기호 Cd.

4 수은과 다른 금속의 합금으로 치아 치료에 쓰이는 재료 중 하나.

5 고단백 식품, 다양한 비타민을 함유하고 있으며 당뇨병, 빈혈, 면역력 증강에 도움이 되는 지구에서 가장 오래된 조류.

6 지표에서 가까운 곳에 진원을 두고 있는 지진으로, 지표면에서 약 70km 이내에서 발생하는 지진.

9 캔디, 젤리, 잼, 빙과, 통조림 등에 사용되는 신맛을 내는 감미료.

11 판 구조론에서 해양판과 대륙판이 서로 충돌하여 만들어지는 부분.

12 회전 운동을 하고 있는 물체가 한 축을 중심으로 도는 운동.

14 정자를 생산하는 관.

16 수소핵 융합반응으로 에너지를 안정적으로 발산하는 별로 천구상의 별 중 90%를 차지하고 있으며 H-R도 상에서 광도가 밝은 좌상단에서부터 온도가 낮고 광도가 어두운 우하단의 대각선으로 놓인 별 무리.

2 필리핀 근처에 있는 세계에서 가장 깊은 해구.

3 석회암 지역에서 석회암이 용해, 침식되어 나타나는 모든 지형을 통틀어 지칭하는 말.

7 맨틀 대류로 인한 판이 갈라지는 경계로 새로운 지각이 형성되는 곳.

8 간이나 녹색식물에 들어 있는 비타민 B의 일종으로 태아의 뇌발달에 좋은 영양소.

10 지구공전에 의해 1년을 주기로 생기는 시차.

11 감각세포라고도 하며 외부에서 받는 모든 자극을 받아들이는 역할을 하는 세포.

13 물리학에서 서로 다른 사건이 동시에 일어나는 현상을 말한다. 뉴턴의 고전 역학에서는 가능하지만 아인슈타인의 특수 상대성이론에서는 설명할 수 없는 성질.

15 극피동물에게서 볼 수 있는 기다란 관으로 호흡과 먹이섭취를 담당함.

					1→	2↓			
			3⌐ 카						
					4→				
			5→			나			
						★			
	6→	7↓ 발	★					8↓	
					9→	10↓			
11⌐		경							
						12→ 세		13↓	
14→ 세		15↓							
						16→			성

➡️ 가로 열쇠

2 고막의 압력을 일정하게 유지하여 고막이 안정적으로 진동할 수 있도록 하는 역할을 하는 중이와 비인강을 연결하는 관.

3 위 벽에서 분비되는 염산에 의해 펩신이 되는 물질.

5 사람의 장기 내에서 방사선 장해를 보호하는 효과가 있다는 방사선 방호물질의 한 가지.

7 특정 방사성 물질의 원자수가 붕괴에 의해 반으로 줄어드는 데 걸리는 시간.

9 날짜를 변경하기 위해 편의상 만든 가상의 경계선.

11 다수의 파동이 중첩되는 현상.

13 강수량 중 일정 지역에 내린 눈을 녹여 물로 계산한 양.

15 등뼈가 없는 동물들의 총칭.

⬇️ 세로 열쇠

1 지용성 비타민으로 시력 유지와 저항력 강화에 도움을 주며 결핍 시 야맹증 등을 일으킴.

2 부모에서 자식으로 전해지는 유전정보의 기본 단위.

3 위에서 분비되는 소화효소 중 하나로 단백질 분해에 관여함.

4 부신에서 혈액으로 분비되며 심장박동과 혈압을 상승시켜 에너지를 극대화시키고 위험 상황에 대처할 수 있도록 하는 것에 관여하는 호르몬.

6 전도성이 높아 반도체 소자로 많이 사용되며 순수한 반도체 물질에 알루미늄, 붕소 등 불순물을 첨가하여 정공(hole)이 증가하게 만든 것.

8 생명을 유지하기 위해 필요한 최소한의 에너지량.

10 외부의 온도에 따라 체온이 변하는 동물.

12 두 갈래의 파동이 만나서 겹치는 파동을 상쇄하거나 보강하는 과정을 통해 생기는 무늬.

14 쥐, 다람쥐. 토끼 등과 같은 작은 척추동물군.

						1↓			
				2↱유					
3↱펩	4↓								
					5→A	6↓			
						★			
						7→		8↓	
	9→날	10↓							
		11→		★	12↓간				
						13→	14↓		
					★				
					15→		동		

1 X염색체 돌연변이로 인한 유전병으로 혈액 응고 인자가 없어 상처가 나면 쉽게 지혈이 힘든 병.

3 멘델의 유전 법칙 중 하나로 서로 대립되는 형질이 유전되더라도 영향을 주지 않고 우열의 법칙과 분리의 법칙에 따라 유전된다는 법칙.

4 멘델의 유전 법칙 중 하나로 순종 대립 형질에 의해 얻은 1세대 잡종을 자가수분 시 2세대 잡종에 일정한 비율로 우열이 나타나는 현상.

5 남극 빙관으로부터 불어오는 맹렬한 기세의 강한 강풍.

6 유수, 바람, 빙하 등에 의해 침식된 토양을 옮기는 작용의 총칭.

8 홀로그래피의 원리에 의해 만들어진 3차원 입체 사진.

10 남아메리카 서부 연안에서 일어나는 해수 온난화 현상.

11 빛이 굴절률이 큰 물질에서 작은 물질로 진행할 때 경계면에서 입사각이 일정한 임계각보다 클 경우 전부 반사되는 현상.

13 현재 활동하고 있는 화산.

15 태양의 궤도를 돌고 있는 화성과 목성 사이에 분포하는 작은 행성들의 영역대.

2 멘델의 법칙 중 하나로 순종 대립 형질을 가진 어버이 세대에서 나온 잡종 1세대에 어버이의 우성형질만 나타나는 현상.

3 남반구 황새치자리(Dorado)의 대마젤란 은하 속에 있는 큰 발광 성운.

4 아보가드로가 제안한 이론으로 몇 개의 원자가 모여 만들어진 입자를 설명한 이론.

5 아인슈타인의 일반상대성이론과 관련이 있는 것으로 극도로 수축하여 중력과 밀도가 굉장히 높은 별이 주변의 모든 에너지를 빨아들임.

7 X염색체에 유전자가 있어 남녀의 성에 따라 유전형질이 나타나는 빈도가 다른 현상.

9 지구 경도선의 0점이 되는 영국의 천문대.

12 벌목, 환경오염, 자연환경 변화 등의 다양한 요인으로 토지가 건조한 땅으로 변하는 과정.

14 원소기호 O, 원자번호 8번 원소.

				1→	2↓					
		3↱		의	★					
				★						
4↱			★	칙		5↱				
분										
		6→	7↓			8→		9↓		
		운				홀				
							10→			
		11→		12↓				치		
				사						
			13→		14↓					
				15→						

1 전기장이나 자기장을 이용하여 시료의 상을 확대하는 장치.

4 바퀴에 끈이나 체인 등을 걸어 힘의 방향을 바꾸거나 힘의 크기를 줄이는 장치.

5 생물체에 가장 널리 출현하는 성분 중 하나로 스테롤, 담즙산, 성호르몬, 부신 피질호르몬, 등 생물학적으로 중요한 물질이 많음.

6 액체가 기체가 될 때 외부에서 흡수하는 열.

8 현미경 관찰 시 상을 제대로 보기 위해 염색약을 떨어뜨려 만든 관찰 표본.

11 고생대 캄브리아기의 바다에 살았던 대표적인 동물로 몸이 세 갈래로 나누어져 있고 납작한 모양의 절지동물.

13 모든 진핵생물의 세포 안에 존재하는 막상구조.

14 일정 기간 동안 어느 지역에 내린 물의 총 양.

15 양자역학에서 입자나 파동이 통과할 수 없는 물체를 통과하는 현상.

16 암, 수 양쪽의 생식소를 가진 동물.

2 일종의 팽이로 중심 지주가 기울어도 항상 수평을 유지할 수 있도록 만든 장치.

3 지구상의 위치를 나타내는 세로선.

6 다른 생물의 몸에서 영양분을 얻으며 살아가는 무척추 동물.

7 열에너지 1cal로 변환되는 일의 양.

9 여러 개의 파동이 만나 중첩되어 진폭이 커지거나 작아지는 현상.

10 전류를 증폭할 수 있는 부품.

12 식물의 세포소기관의 하나로 광합성이 이루어지는 곳.

13 음식물을 분해하여 영양분이 몸에 흡수되기 좋은 상태로 만들어주는데 도움을 주는 효소.

14 산호나 해파리 등의 속이 비어 있고 입 주변에 쏘는 촉수를 가진 동물.

16 지구의 남북 양극을 통과하는 대원을 이루는 선.

1→ 전	2↓		3↓							
			4→							
	5→						6↰		7↓	
	8→ 프	9↓	10↓		11→	12↓	충		★	
				13↰				당		
	★					14↰				
		15→		효						
	섭					★				
				16↰		동				

➡ 가로 열쇠

1 원소기호 He, 원자번호 2번 원소.

2 수직의 긴 기둥 모양의 마그마가 수축할 때 틈이 생겨 만들어진 지형.

3 물위에 퍼져나가는 파동.

4 비타민 C의 결핍으로 생기는 병.

5 세균보다 더 작은 단세포 생물로 세포벽이 있고 다른 동물에 기생하며 발효나 부패의 원인이 되어 병원체가 되기도 함.

7 바다의 만조 시간에 해수의 높이가 높아지는 현상.

8 밀폐된 방에 있는 고양이를 통해 양자역학을 설명하는 가상의 실험으로 유명함.

9 액체에서 고체로 변화할 때의 온도.

11 자궁 수축을 촉진하고 젖의 분비를 돕는 호르몬.

14 왼쪽이 둥근 반달.

16 지표면에서 상공 10km까지로 대기권 중 가장 아래 있으며 기상 현상이 일어나는 곳.

17 소장의 융털 안에 있는 림프관.

⬇ 세로 열쇠

1 위염, 위궤양, 십이지장 궤양, 위선암, 위림프종의 원인균으로 위점막에 서식하는 세균.

2 단위는 헤르츠이며 진동운동에서 1초 동안 진동이 일어난 횟수.

3 가을철 남쪽 하늘에서 보이는 별자리로, 황도12궁 중 11자리에 해당하는 별자리.

6 입에서 녹말을 분해하는 효소.

8 몸에서 가장 많이 발생하는 활성 산소.

10 전하가 한 곳에만 집중되어 있는 것.

12 약 6500만 년 전에서 현재에 이르는 기간을 말하며 포유류가 번성했던 시기.

13 지구를 둘러싸고 있는 대기의 층.

15 포유류와 조류에 있는 귀 안의 나선 모양 기관으로, 소리를 전달해주고 높낮이를 알 수 있게 함.

17 우주 구성 물질의 23%에 해당하는 물질로 오로지 중력을 통해서만 존재를 인식할 수 있는 물질.

					1.↱			
			2.↱주					
		3.↱						
	4.→	병			5.→		6.↓	
					터		7.→	
					★			
8.↱슈			★		이			
					9.→		10.↓	
11.→		12.↓신		13.↓				
						14.→		15.↓달
		16.→						
						17.↱암		

1 산소 없이 이루어지는 호흡으로 미생물의 발효와 부패가 이에 속한다.

5 가는 유리관 같은 공간의 표면 장력에 의해 액체가 따라 올라오는 현상 .

7 액체가 고체로 변화할 때 방출하는 열.

9 유기물 부스러기, 파편, 화산 분출에 의한 파편, 암석 부스러기 등을 총칭.

10 혈액 속에 적혈구나 헤모글로빈 수가 감소하여 어지러움증이 나타나는 증상.

12 1기압에서 물의 어는점을 0℃로, 끓는점을 100℃로 기준한 온도.

14 심장 안에서 혈액의 역류를 막기 위해 기능하는 막.

15 지각 변동이 있을 때 절리들이 교차하여 거대한 장방형이나 육면체로 잘리게 되는 암석 사이의 틈.

18 항체를 생산하는 백혈구의 일종으로 골수에서 만들어짐.

19 해안과 방향이 같은 흐름이 일정한 해류.

1 등뼈가 없는 동물의 총칭.

2 물질이 기화하면서 주변의 열을 흡수 하는 반응.

3 기관지에서 뻗어 나와 폐 안으로 나뭇가지처럼 퍼져 들어가 있는 기관지.

4 혈액의 적혈구 속에 다량 포함되어 있으며 적혈구가 붉게 보이는 원인이 되는 혈색소.

6 여러 가지 파동이 만나서 생기는 중첩으로 인해 합성파의 진폭이 0이 되는 현상.

8 생물체의 유전 형질 중 하나로, 우성형질에 대립되는 형질로 발현되지 못하는 형질.

11 혈액의 응고와 지혈작용에 관여하는 아주 작은 혈구.

13 사계절이 뚜렷하고 열대와 한대 중간지역.

16 동물의 표면을 덮고 있는 세포.

17 염분과 수온이 낮으며 연해주를 따라 남하하며 북한 한류에 이어지는 해류.

					1↱			2↓ 흡		
		3↓								
4↓										
5→ 모			6↓				7→		8↓	
			9→ 쇄							
10→	11↓ 혈		12→		13↓ 온					
	14→									
				15→	16↓	★		17↓		
					피					
				18→			★			
							해			
					19→					

1 화합물의 분자 안에 있는 원자가 결합되어 있는 관계를 선으로 표시한 화학식.

3 비타민 B 결핍으로 나타나는 증상.

4 포유류만 가지고 있는 막으로 가슴과 배를 구분하며 상하운동을 통해 호흡운동을 한다.

6 천체 북쪽에 있으며 북극성을 품고 있는 별자리.

7 원자핵의 주위를 돌고 있는 음전하를 띠고 있는 소립자.

10 생식세포에 의해 자손을 번식시키는 방법.

11 지구의 남반구와 북반구에서 서쪽에서 동쪽으로 부는 바람으로, 일기예보 분석에 중요하다.

13 파동이 진행하는 모양을 그림으로 나타내는 원리.

15 빛이 파동일 때 파동을 진행시키는 가상의 매질.

16 지구가 행성이 되면서부터 지층과 화석을 근거로 한 상대연대와 방사성 동위원소를 통해 밝혀진 암석의 절대연대를 기준으로 지구의 역사를 나타내는 시대.

1 비타민 D의 결핍으로 발생하는 병.

2 모든 다세포동물에 존재하는 세포로 혈액이나 조직 내에서 세균이나 이물 등을 분해하여 죽이는 세포.

3 눈의 검은자위 부분으로 눈을 외부로부터 보호하고 빛을 통과, 굴절시켜 볼 수 있게 해주는 눈의 조직.

5 부모의 형질이 자식에게 바로 유전되지 않고 세대를 건너뛰어 나타나는 유전.

8 오직 중력의 힘에 의해서만 낙하하는 상태.

9 알을 낳아 번식하는 것.

11 얇은 조각이 겹친 것처럼 광물이 평행으로 배열되어 줄무늬를 띠는 암석 구조.

12 바람의 힘으로 전기를 만드는 것.

14 어떤 물체의 위치에 의해 생기는 에너지.

17 원소기호 N, 원자번호 7번 원소

				1↱		2↓ 식				
		3↱		병						
4→ 횡	5↓				6→				리
	7→	8↓		9↓					
		10→ 유							
						11↱		12↓	
	13→	14↓ 위			★	원			
		15→						전	
		16→	17↓						

➡️ 가로 열쇠

1 태양의 가장 바깥 부분으로 희미하게 빛이 남.

3 냉매, 발포제, 분사제, 세정제 등으로 산업계에 폭넓게 사용되고 있으며 염화불화탄소(CFC)를 이르는 말이며 미국 듀폰사의 상품명.

5 원자핵 주위에서 전자가 발견될 확률 또는 원자가 어떤 공간을 차지하는가를 보여주는 함수.

6 2018년 발사된 인류 최초의 태양 탐사선.

8 기체에 높은 에너지를 가해서 수만도로 가열된 기체가 원자핵과 전자로 분열되어 만들어지는 물질의 4번째 상태.

10 원자핵 속의 양성자 수 또는 원자핵 주위의 전자 수.

11 고위도나 극지방에서 발생하는 발광 현상. 태양 빛과 지구의 자기장이 만나 생성된다.

12 핵분열 반응을 기초로 한 폭탄.

15 동물이 외부로부터 자극을 받아들이는 모든 기관의 총칭.

16 양이온과 음이온이 정전기적 인력으로 결합하여 생기는 화학결합.

18 포도당과 아미노산이 재흡수되는 신장의 수질과 피질 사이에 꼬인 상태로 위치해 있는 관.

⬇️ 세로 열쇠

2 분자식은 $C_{10}H_8$, 고체에서 액체를 거치지 않고 바로 기체가 되는 승화성 물질로 습기제거제로 많이 쓰이기도 한다.

4 찬 공기와 따뜻한 공기가 만났을 때 따뜻한 공기가 찬 공기를 타고 오르며 만들어지는 전선.

7 3차원 공간에 시간이 더해져 만들어진 차원.

8 원소기호 F, 원자번호 9번 원소.

9 수직항력과 마찰력의 비례관계를 주는 수치.

13 소량의 전해질에 의해 엉김이 쉽게 일어나는 친수성 콜로이드.

14 3대 영양소의 하나로 수소, 산소, 탄소로 구성된 화합물.

17 화학물질로 합성하여 만드는 세제.

				1→		2↓			
					3→ 프		4↓		
				5→					
							★		
			6→		★		7↓ 선		
8⌐ 플		9↓							
						10→			
11→		★							
	12→	13↓		14↓ 탄					
				15→					
		★							
		콜							
	16→			17↓					
				18→ 세					

1 전하로 인한 전기력이 미치는 공간.

3 물체에 중력이 작용하지 않는 것처럼 보이는 현상.

5 고온의 증기로 터빈을 돌리고 물을 가열하여 전기생산과 난방을 동시에 해결하는 발전방법. 에너지 효율이 매우 높다.

7 우라늄이 중성자를 공급받지 않아도 계속된 핵분열 반응.

9 빛의 밝기를 말하며 조도라고도 한다.

10 인간의 사고, 추론, 지각, 학습 능력 등을 컴퓨터가 할 수 있도록 프로그램한 시스템.

12 광물의 단단한 굳기.

15 환형동물이나 절지동물에서 볼 수 있는 분절구조의 마디.

17 원자번호는 같지만 질량수가 다른 원소.

19 한 물체에서 다른 물체의 속도를 보았을 때의 속도.

20 액체가 기체가 될 때 외부에서 흡수하는 열.

2 두 지점 간에 전류를 흐르게 하는 힘.

4 지구 표면에서는 질량에 상관없이 9.8m/s로 작용하는 힘.

6 여러 개의 전지를 같은 극끼리 연결하는 방법으로 한 도선의 흐름이 끊어져도 다른 도선에 영향을 주지 않는 연결.

8 거울이 반사하는 성질을 이용하여 만든 망원경.

9 AI라고도 하며 오리, 닭, 칠면조 등 가금류에게서 발생되는 독감.

11 지구상의 어떤 지점에서 보내오는 전파를 증폭시켜 지구상의 다른 지점에 중계하는 것을 목적으로 한 위성.

13 전기가 잘 통하는 물체.

14 자기력을 이용해 차량을 선로 위에 부상시켜 움직이는 열차.

16 단위는 K이며 절대영도에 기초를 둔 온도의 측정단위.

18 물에는 녹기 힘들고 기름과는 잘 섞이는 작용기.

		1→	2↓							
	3→	4↓	력							
				5→	6↓		★			
						7→	8↓ 반			
9↳										
	★									
10→		11↓ 능			12→	13↓ 도				
				14↓ 자		15→	16↓			
	17→ 동		18↓							
						19→				
			20→ 기							

답 120P

⇒ 가로 열쇠

1 그물처럼 생긴 잎맥.

2 혈액 중에 지방량이 많아진 상태를 나타 낸 증상.

4 뿌리에서 잔털처럼 여러 갈래로 뻗어 나 온 뿌리.

5 외부에서 온 감각과 운동자극을 중추신 경으로 전달하는 신경.

7 마그마가 지표로 분출된 것.

9 전자가 형식적으로 한쪽 원자로부터만 제공되어 전자결합에 관여하는 결합.

11 판의 생성, 소멸 없이 판과 판이 서로 수 평방향으로 단층이 일어나는 현상.

13 초고에너지 상태로 쿼크와 렙톤 사이에 서 작용해 둘을 교체해주는 입자.

15 기압차가 생겼을 때 발생하는 힘과 전향 력이 평형을 이루었을 때 부는 바람.

16 신동맥에서 나온 모세혈관들이 실타래처 럼 뭉친 덩어리.

18 특정 시기에만 발견되어 그 시대의 층과 시대를 알려주는 화석.

19 분자가 가지는 특성을 알 수 있도록 나 타낸 식.

21 수소원자에서 전자가 전이할 때 방출되 는 빛을 적외선, 자외선, 가시광선으로 분류한 것.

⬇ 세로 열쇠

1 1582년에 공포했으며 대부분의 나라에 서 사용하는 태양력.

3 잎의 기공을 통해 수증기 상태로 식물의 수분이 빠져 나가는 현상.

4 물과 수용성 영양액을 배지로 삼아 식물 을 기르는 방법.

6 세상을 10차원의 시공간으로 설명해 우 주와 자연의 원리를 밝히려는 이론.

8 우주를 구성하는 물질의 23% 이상을 차 지하고 있으며 오로지 중력을 통해서만 존재를 인식할 수 있는 물질.

10 자연계의 4대 힘 중 하나인 약력을 매개 하는 중간 소립자로 W와 Z입자가 있다.

12 등압선이 원형일 때 등압선을 따라 부는 바람으로 지구 자전에 의한 전향력과 경 도력이 균형을 이루었을 때 부는 바람.

14 성염색 중 하나로 남성에게만 있는 염 색체.

15 천체의 위치를 나타내기 위한 가장 단순 한 좌표계로 고도와 방위각으로 표시함.

17 분자 안에 있는 원자가 연결되어 있는 상태를 선을 이용해 나타낸 화학식.

19 큰개자리의 알파성으로 밤하늘에서 가장 밝은 별.

20 단위 질량의 연료가 완전연소했을 때 방 출하는 열량.

					1⌐그				
					2→			3↓	
			4⌐수						
	5→	6↓							
							7→	8↓	
			9→배	10↓					
			11→			12↓	계		
13→		★	14↓Y						
				15⌐					
	16→사	17↓							
				18→					
19⌐		식							
				20↓					
21→			★	계					

➡️ 가로 열쇠

2 합성수지 제조나 습윤성 작용제를 생산하는 데 많이 사용되는 무색 혹은 엷은 노란색을 띠는 알코올.

4 가운데 부분이 가장자리보다 두꺼운 렌즈.

5 더 이상 분해되지 않는 가장 기본적인 당류.

6 2개의 원자가 서로 전자를 방출하여 전자쌍을 형성하고 공유함으로써 생기는 화학결합의 하나.

8 중성자와 함께 원자핵을 구성하는 입자.

10 양전하와 음전하를 동시에 지니고 있는 이온.

11 1기압 하에서 물의 어는점을 32, 끓는점을 212로 정하고 두 점 사이를 180등분한 온도눈금.

12 부식이나 마모 방지 등을 위해 물건의 표면을 다른 물질로 얇게 덮는 작업.

14 물질 반응속도를 반응 물질의 농도의 곱으로 나타내어 반응 물질의 속도와 농도와의 관계를 나타낸 식.

16 원자 또는 이온을 연결하여 결정을 형성시킬 수 있도록 원자 사이에 작용하는 힘.

17 화학적 평형상태가 깨진 후 새로운 평형상태에 도달하는 현상.

⬇️ 세로 열쇠

1 회색부터 어두운 회색을 띠며 사장석과 각섬석, 휘석으로 구성되어 있는 중성 심성암.

2 과도한 전기가 흐르지 않도록 차단해주는 장치.

3 포도당에 과당이 결합한 것으로 설탕의 75%에 해당하는 단맛을 가진 기능성 당.

5 두 개의 원자가 전자 한 개씩을 내놓아 한 개의 전자쌍을 만들고 있는 공유결합.

6 두 개의 원자가 결합할 때 각각의 원자가 내어놓아 공유한 전자쌍.

7 절대영도에 기초를 둔 온도로 단위는 K.

8 원자가 전자를 잃고 양전하를 띠는 것.

9 제자리에서 스스로 빛을 내는 천체. 현재는 별이라고 한다.

11 원자의 개수와 종류를 나타내는 반응식.

13 금속 원자에서 나온 전자의 양이온이 자유전자와 단단히 결합한 상태.

15 가역반응에서 정반응의 속도와 역반응의 속도가 평형인 상태.

	1↓		2↱		★			3↓		
4→	록									
						5↱	당			
				6↱	공					
								7↓		
			8↱			9↓				
			이		10→			온		
	11↱							12→	13↓	
	14→						15↓			
	반					16→			합	
						17→				

1 주로 사막에서 발생하며 강한 모래 바람에 의해 세 방향의 측면으로 깎인 돌.

2 지구궤도의 대형 우주 구조물로 우주실험이나 우주관측을 하는 기지.

5 어떤 물체 또는 회로가 자유진동할 때의 주파수.

7 물체에 직접 흡수한 전자기파가 열로 변한 에너지.

9 뇌하수체 전엽에서 분비되는 호르몬의 하나로 인체의 성장과 지방 분해, 단백질 합성을 촉진시키는 작용을 하는 물질.

11 남아메리카 동태평양에 있는 제도로서 찰스 다윈의 진화론을 주장하는데 영향을 준 장소.

12 남반구와 북반구의 열대우림과 사막 중간에 있는 열대 초원.

14 자연 물질이 변형되어 원래의 상태로 환원될 수 없게 되는 현상.

15 적도 부근의 열대 지방에서 내리는 강한 소나기.

18 초대륙 판게아가 남북으로 분열된 후 생긴 유럽·북아메리카·아시아를 포함한 북반구의 가상적인 대륙.

20 동물의 난소 안에 있는 여포와 황체, 태반에서 분비되며 여성의 성징을 나타나게 하는데 영향을 주는 성 호르몬.

21 산호충의 분비물이나 유해인 탄산칼슘이 퇴적되어 만들어진 암초.

1 강의 하류에서 넓은 바다로 이어지는 지점에서 발생하는 것으로 유수의 힘이 약해져 토사가 삼각형 모양으로 쌓여서 만들어진 지형.

3 거꾸로 된 L자형 모양으로 은하수 근처에 위치하고 있는 대표적인 여름 별자리.

4 지구상에서 가장 단단한 물질로 주성분은 탄소로 이루어져 있는 보석.

6 생물체가 빛으로부터 멀어지거나 가까워지는 움직임.

8 에너지는 형태가 변할 뿐 사라지거나 없어지지 않는다는 에너지 보존법칙.

10 현생인류와 같은 종의 '지혜가 있는 사람'이라는 뜻의 고 인류.

11 생리적으로 중요한 당의 하나로 뇌와 신경조직, B형 적혈구의 끝에 분포하는 당지질을 구성하는 당.

13 신생기 제4기 빙하시대에 일본·중국 등에 살았던, 몸체가 작고 앞니가 위로 휘어져 있는 코끼리.

16 동물 세포의 세포막을 구성하는 기본 물질로 혈액 속에 포함된 수치로 비만도를 측정하는데 쓰이기도 하는 물질.

17 플루오르, 염소, 브로민(브롬), 아이오딘(요오드) 등 주기율표의 17족에 속하는 원소들.

19 생물의 단백질을 구성하는 유기화합물.

			1↱							
	2→		3↓	장					4↓	
			5→		6↓					
7→		8↓ 열			9→		★	10↓	몬	
		11↱ 갈					★			
	★						12→ 사	13↓		
				14→						
		15→	16↓						★	
				17↓				코		
				18→		19↓				
	20→				겐					
							21→			

1 원소기호 U, 원자번호 92번 원소.

3 천왕성의 제5위성으로 1948년 카이퍼가 발견.

4 약 480만 년 전부터 4천 년 전까지 존재했던 긴 코와 어금니를 가진 포유류.

5 산화반응의 반대 개념으로 원자, 분자, 이온 등이 전자를 얻어 산화수가 감소하는 것.

8 주변보다 기압이 높은 것.

9 어떤 물질 1g의 온도를 1℃ 높이는데 필요한 열량.

10 물질이 산소와 결합하거나 수소를 잃는 화학 과정.

11 림프액이 이동하는 통로.

13 높이 5~13km 상공에 나타나는 구름의 총칭으로 권운, 권적운, 권층운 등이 있음.

17 광물이 가루가 되었을 때 나타나는 색으로 광물 고유의 색을 알 수 있다.

18 사람의 의도에 의해 움직이지 않고 몸의 장기와 여러 조직의 기능을 조절하는 신경계로 교감신경과 부교감신경이 있다.

19 자연발생하기도 하나 화학물질이나 방사선과 같은 요인으로 인해 유전자에 변이가 일어나 자손에게 그대로 유전되는 것.

21 태양광의 스펙트럼에서 눈에 보이는 가시광선보다 파장이 짧은 영역대의 파장으로, 보이지 않고 살균작용을 하는 광선.

2 백악기 후기에서 올리고세에 이르기까지 긴 시간 동안 북아메리카의 서부 곳곳에서 일어난 조산 운동. 라라미드변혁이라고도 한다.

6 색상을 감지하는 시세포로 눈의 망막에 존재한다.

7 액체가 고체로 변할 때 방출되는 열.

9 미세한 힘을 측정할 때 이용하는 저울로, 가는 실의 회전력을 이용하여 짝힘을 재는 장치.

12 심장을 둘러싼 동맥. 심장동맥이라고도 한다.

14 대뇌피질의 운동영역에서 나오는 운동지령을 근육으로 보내는 일을 담당하는 신경계.

15 다시마, 톳, 미역 등이 포함되며 식물 분류계 중 1군의 총칭.

16 신경 세포체에서 뻗어나온 돌기.

18 찰스 다윈이 진화론에서 주장한 이론으로 환경에 적응한 형질을 가진 개체만이 살아남아 자손에게 전해지는 일.

20 십이지장으로 분비되는 소화액으로 탄수화물, 지방, 단백질을 분해하는 소화 효소가 들어 있다.

	1→	2↓									
		3→									
4→		드		5→	6↓		★	반	7↓		
		★							8→		
							9⌐				
		10→									
							11→		12↓ 관		
							★		13→		14↓
	15↓		16↓								
	17→		색					18⌐			계
			19→		20↓						
					21→ 자						

답 121P

2 목성 · 토성 · 천왕성 · 해왕성을 탐사하기 위한 미국의 우주 탐사계획.

4 지질학적으로 가장 오래되고 안정되었으며 넓은 방패 모양의 평야지대.

5 적혈구에 있는 항원과 혈장에 있는 항체의 형태에 따라 3종류로 분류되는 혈액형 타입.

7 질소와 산소로 이루어진 여러 가지 화합물의 총칭.

9 기도의 주위를 감싸고 있는 내분비선으로 나비와 같은 모양을 하고 있다.

10 광합성을 하며 녹색 식물에서는 가장 간단한 체계를 가지고 있고 호수나 하천 등에서 부영양화로 인해 번식하여 수질 문제를 일으키는 조류.

11 우리 몸에서 냉각 · 온각 · 압각 · 통각을 느끼는 부위.

13 바람, 유수, 기온 등 다양한 원인에 의해 암석이 부서져 토양이 되는 과정.

15 지하수에 의해 석회암이 녹아 생긴 동굴.

17 딱딱한 외골격으로 싸여 있으며 몸과 다리에 마디가 있는 무척추동물.

1 고막과 달팽이관 사이에 있는 귀의 내부 공간.

3 부모에게서 물려받은 형질이 아닌 후천적으로 훈련이나 환경에 의해 얻어진 형질.

4 용암이 넓게 퍼져 식어서 경사가 완만한 모양의 화산.

6 혈액의 응고나 지혈에 관여하는 혈구.

8 소화액을 분비하는 곳.

9 절지동물에 속하는 동물로 아가미호흡을 하고 머리, 가슴, 배로 나뉜 몸을 가지고 있으며 새우, 가재 등이 있다.

10 물이 고체에서 액체로 변화하는 온도.

12 화학조성의 변화 범위가 가장 넓은 광물의 하나로 암갈색 · 검은색 · 흑녹색 등을 띠고 있으며 산에 녹지 않는 조암광물.

13 바람에 의해서 침식되어 만들어진 동굴.

14 용매가 용질에 균일하게 녹아 있는 상태.

16 서로 다른 매질을 파동이 통과할 때 매질의 경계면에서 파동의 진행방향이 바뀌는 현상.

		1↓							
	2↓			★	3↓ 획				
							4↱		
5→ A			★	6↓					
					7→ 질	8↓			
				9↱		샘			
		10↱ 녹							
	11→	12↓							
					13↱			14↓	
	15→		16↓					해	
			17→ 절						

답 121P

1 겨울철 남쪽에 보이는 별자리로 일직선으로 늘어서 있는 3개의 별로 유명하다.

4 실제 온도가 아닌 몸으로 느끼는 온도.

6 수소원자가 하나뿐인 전자를 잃어 만들어지는 양이온.

7 원자나 분자 또는 그 집합체가 높은 에너지준위로부터 낮은 에너지준위로 전이할 때 방출하는 전자기파 스펙트럼.

8 과일류에 많이 들어 있는 다당류의 하나로 세포를 결합하는 작용을 한다.

9 단면의 모양이 육각형, 오각형 등 다각형으로 긴 기둥 모양을 이루고 있는 절리.

10 대류권 또는 성층권에서 거의 수평축에 따라 집중적으로 부는 좁고 강한 기류.

12 카시오페이아자리 옆에 있는 다섯 개의 별이 오각형을 이루는 가을철 북반구에서 보이는 별자리.

13 단층의 미끄러지는 정도가 동일하지 않아 비틀어진 단층.

14 별의 등급과 온도에 따라 별들의 위치를 표시한 것으로 별의 진화과정을 확인할 수 있는 도표.

1 약 5억 년 전부터 6000만~8000만 년에 해당하는 고생대 6기 중 2기에 해당하는 지질시대.

2 손상된 세포 잔해나 불필요한 물질들을 제거하는 세포소 기관.

3 연속스펙트럼의 빛이 저온의 기체를 통과하면 특정한 파장이 흡수되어 검은 띠 모양의 흡수선이 나타나는 스펙트럼.

4 몸의 온도.

5 단층면의 경사가 수평에 가까운 역단층.

7 절리 중 직각으로 갈라진 틈이 있는 절리.

9 단층의 상반과 하반이 단층면의 경사와는 관계없이 단층면을 따라 수평으로 이동된 단층.

10 지구 표면을 스치듯이 도는 인공위성의 속력.

11 우주의 팽창은 유한하며 우주 공간 안에 질량을 가진 물질들의 중력이 우주 공간이 팽창하려는 힘보다 강하여 더 이상 팽창하지 않는 상태에 이르는 우주를 가리키는 말.

					1↱			2↓ 리
3↓		4↱				5↓		
6→		온						
			7↱		펙			
8→		9↱		리				
럼				10↱ 제				
11↓			12→	우				
13→	층							
		14→						

1 흑체가 방출하는 열복사에너지는 절대온도의 4제곱에 비례한다는 법칙.

4 지진으로 발생한 단층에 의해 생성된 절벽.

6 광합성 효소의 오류로 인해 산소가 광합성에 이용되어 최종적으로 이산화탄소를 생성하는 과정.

7 질량이 행성보다는 크지만 항성보다는 작고 가시광선 영역의 빛을 내지 못하는 천체.

8 화산폭발 시 공중으로 날아간 용암이 급냉되어 돌처럼 굳어진 화산쇄설물 중 하나.

10 인체에 해가 없다고 생각되는 방사선의 양적 한계.

13 초대륙 판게아가 남북으로 갈려 남반구를 형성한 가상의 대륙 이름.

15 지구의 자전에 의해 바람에 가해지는 힘으로 바람이 기압의 차뿐만이 아닌 이 힘에 의해 북반구와 남반구에서 시계방향과 시계 반대방향으로 휘어지게 하는 힘.

16 방사성 원자핵이 β붕괴할 때 방출되는 방사선.

17 고위도에서 저위도로 느리게 흐르는 한류.

2 용암류의 상하면에 거의 평행으로 발달하여 다수의 평행 판상으로 바르게 갈라지는 절리.

3 두 별이 서로를 돌며 식 현상에 의해 밝기가 달라지는 변광성.

4 물체의 상태 변화에 있어서 외부와 열의 출입이 없는 경우.

5 한랭전선과 온난전선이 겹쳐진 전선.

9 탄소 6개로 이루어진 육각형들이 연결돼 관 형태를 보이는 신소재.

11 찬 공기가 더운 공기 아래로 파고드는 전선.

12 중력과 반대방향의 힘으로 물속에서 공을 뜨게 하는 힘.

14 입자가 가진 파동성을 강조하여 말하는 것으로 물질파동이라고도 하며 이를 주장한 프랑스 학자의 이름을 따 붙여진 명칭.

16 방사능을 방출하는 능력을 측정하기 위한 방사능의 국제단위.

	1→		2↓ 판				3↓		
	4↱ 단				5↓		6→		흡
				7→					
	8→		9↓			10→ 선		11↓	
									12↓
13→	14↓ 드		나				15→		력
					16↱				
	17→ 동								

1 광합성을 하고 담수에서 유영 생활을 하는 동, 식물의 특징이 모두 나타나는 원생동물로 연두벌레라고도 불림.

3 췌장에서 분비되는 호르몬으로 혈당을 내리는 역할을 한다.

4 두 물질의 용해도의 온도 차를 이용하여 혼합물을 분리해내는 과정.

5 회색 · 녹색 · 홍색 · 황색 등을 띠며 쪼개짐이 마름모꼴인 광물로 모스 굳기는 3.

7 황소자리와 게자리 사이에 위치한 황도 12궁 중 세 번째 별자리로, 가장 북쪽에 있는 겨울철 별자리.

9 빛이 굴절하는 성질을 이용하여 만든 망원경.

11 같은 수의 전자를 가지고 있어서 전자배치가 같은 이온.

13 눈에 보이는 별들의 밝기를 등급으로 매긴 것.

15 물질이 물에 녹아 이온화되어 전류를 흐르게 하는 물질.

17 시세포 이상으로 일정한 색을 구분하지 못하는 유전적인 형질.

2 대표적인 3가 알코올로 끈적이며 습기를 빨아들이는 성질이 있고 단맛이 남.

3 질병의 치료나 검사 등의 목적을 위해 인위적으로 발생시킨 방사선.

4 망원경으로는 구별이 불가능하지만 분광분석을 통해서 쌍성임을 알 수 있는 별.

6 석회암 지대에서 지하수가 석회암을 녹여 생긴 동굴.

8 호흡, 순환, 대사, 체온, 소화 등 생명 활동의 기능을 하는 신경으로 인간의 의지와는 상관없이 움직이는 신경.

10 모든 별이 10파섹 거리에 있다고 가정하고 환산한 별의 밝기로, 실제 별의 밝기와는 같지 않음.

12 따뜻한 공기와 찬 공기가 만났을 때 따듯한 공기가 찬 공기를 타고 올라가 형성된 기단.

14 동물이 포식자의 눈에 보이지 않도록 자신의 몸을 주변 환경과 비슷하게 만드는 몸 색깔.

16 원자핵을 이루는 핵자의 총수.

		1→	2↓ 글						
	3⌐ 인			4⌐					
	5→		6↓		7→			8↓	
					성				
			9→	10↓	★			경	
				11→				12↓	
13↓	14↓			급					
							15→ 전		16↓
	17→								
									수

1 이당류 중 하나이며 분자식은 $C_{12}H_{22}O_{11}$임.

3 열역학 제2법칙 형태로 표현되기도 하며 물질의 상태를 나타내는 양의 한 가지이다.

5 안구의 혈관막 안에 있는 가장 두터운 고리 모양 부분으로, 수축과 이완을 통해 수정체를 조절하는 곳.

6 세포 내의 나트륨이온(Na^+)을 세포 외로 내보내는 세포막에 있는 단백질.

8 시각을 담당하는 신경.

9 마찰을 일으키는 두 물질의 마찰 정도를 말하는 것으로 수직항력과 마찰력과의 비례관계를 나타내는 수.

10 체내의 물질대사에 관여하며 아이오딘을 다량으로 함유하고 있는 갑상선 분비 호르몬

12 반사면이 오목한 거울.

14 빙하의 침식에 의해 형성된 U자곡이 바닷물에 침수되어 만들어진 좁고 긴 지형.

15 단백질과 단일구조의 탄수화물이 공유결합하여 만들어진 복합단백질.

16 5대 영양소의 하나로 광물질을 가리키는 말.

1 오줌을 걸러내는 역할을 하는 신장 기능의 최소 단위.

2 고단백 식품, 다양한 비타민·무기질을 함유하고 있으며 당뇨병, 빈혈, 면역력 증강에 도움되는 지구에서 가장 오래된 조류.

3 물질이 증발, 연소, 중화, 반응할 때 반응 전. 후의 온도를 같게 하기 위해 흡수하거나 방출하는 열에너지.

4 원소기호 K, 동물의 신경 신호 전달에서 핵심 역할을 하는 중요한 전해질 중 하나.

5 광물의 굳기를 측정하는 10개의 표준 광물.

7 빛을 파장별로 가르거나 내부전반사를 통해 거울 대신 빛의 진행 방향을 바꾸는데 쓰이는 투명한 광학 재료.

9 약 2600만 년 전에서 700만 년 전까지의 지질시대로 신생대 5기 중 4기에 해당하는 시기.

11 인간 대뇌피질의 90%를 차지하며 고도의 정신작용이 이루어지는 곳.

13 탄수화물을 이루는 단위 중 가장 작은 단위로 과당과 포도당이 속함.

17 (+)이온과 (−)이온의 균형을 맞추어 주는 용액 속의 이온이 이동하는 통로.

				1↱		2↓ 스			
	3↱								
						4↓			
	5↱ 모			6→		륨		7↓	
8→									
9↱ 마									
				10→		11↓			
12→			13↓ 단			14→			
			15→			질			
	16→ 무	17↓							

답 122P

1 지구 관측, 우주실험 등의 목적을 가지고 16개국이 참여한 지구 궤도의 인공구조물로, 여러 나라에서 건설한 모듈이 서로 연결되어 있음. 2024년까지 운영 예정.

4 특정지역에 집중적으로 비가 내리는 현상.

6 쿼크와 렙톤을 기본 입자로 정하고 이들 사이에 작용하는 힘과 매개입자를 통해 설명하는 이론.

7 빛이 입자로 되어 있다는 이론.

8 붉은 리트머스 종이를 파랗게 변하게 하는 성질.

9 온몸을 돌고 심장으로 들어온 혈액을 허파로 내보내는 일을 하는 혈관.

12 수정란 안에 형태·구조가 이미 갖추어져 있어 발생, 전개된다는 학설로 발생학의 발달로 인해 현재는 없어진 이론.

13 열대지방에 서식하는 모기에 물려 감염되는 전염병으로 고열의 급성 열성질환.

15 모세포에서 딸세포가 분화하여 세포 수가 증가하는 현상.

17 적혈구가 되기 전 단계의 세포.

18 전류를 한쪽 방향으로만 흐르게 하는 전자 부품.

2 S자 곡류에서 하천의 범람으로 인해 물길이 바뀌어 떨어져 나간 부분이 소뿔과 같은 모양으로 만들어진 호수.

3 분자량 1만 이상의 화학결합으로 만들어진 고분자.

5 지구, 수성, 금성, 화성처럼 암석으로 이루어진 단단한 표면을 가진 행성. 질량이 작고 밀도가 높다.

7 호이겐스에 의해 최초로 제안된, 빛은 파동이라는 이론.

8 DNA의 기본단위인 염기들을 순서대로 나열해 놓은 것.

10 심장박동으로 인해 동맥으로 강하게 분출된 혈압에 의해 발생하는 파동.

11 매우 낮은 온도에서 도체의 전기 저항이 0에 가까워져 초전도 현상이 나타나는 도체.

14 다른 생물의 몸에 들어가 영양분을 흡수하여 살아가는 동물.

16 세균의 밀집한 모양이 마치 포도송이처럼 생긴 대표적인 화농성 세균.

17 은하가 점점 멀어지고 있음을 나타내는 증거이며 허블우주망원경이 발견했다. 은하의 빛스펙트럼이 긴 파장 쪽으로 치우치는 현상을 말한다.

1→ ★ 2↓ ★ 3↓

4→ 5↓ ★ ★

6→ 7↱ 의 ★

★

★

8↱ 성 9→ 10↓

11↓

12→전

13→뎅 14↓

15→체 16↓ ★

17↱

균

18→다

➡️ 가로 열쇠

1 삼투압이 일어나는 중심으로 특정한 종류의 이온이나 분자만 통과시키는 막.

2 내이에 위치하며 몸의 균형을 담당한 기관.

4 프랑스의 화학자 프르스트에 의해 제안되었으며 화합물을 구성하는 성분 원소들의 질량비는 항상 일정하다는 이론.

7 밑씨가 씨방 안에 있는 식물.

9 일정한 온도에서 용매 100g에 녹을 수 있는 용질의 최대 그램 수.

11 단백질을 만드는 원료가 되는 분자.

12 원소기호 Lr , 원자번호 103번 원소.

14 파동이면서 입자인 이중성을 갖는 원자보다 더 작은 물질량의 최소단위.

15 부도체라고도 하며 연기나 열을 잘 전달하지 못하는 물체.

16 세포를 보호하고 세포 모양을 유지하는 일을 하며 셀룰로오스가 주성분인 식물 세포의 구성 인자.

18 외부변수를 서서히 변화시킬 때, 에너지가 일정한 면으로 둘러싸인 위상공간의 부피는 불변한다는 정리.

⬇️ 세로 열쇠

1 귀 안에 존재하는 몸의 회전과 가속도를 감지하는 평형기관.

2 물질에 전기 에너지를 가하여 산화, 환원반응이 일어나도록 하는 것.

3 은하 원반의 주위를 둘러싸는 구 모양의 광대한 영역.

5 구심 가속도라고도 하며 원운동을 하고 있는 물체에서 원의 중심을 향하는 가속도를 말함.

6 망원경이나 현미경에서 상을 맺기 위해 사용되는 렌즈로 눈에 닿는 접안렌즈의 대응되는 렌즈.

8 천만분의 1미터 이하인 입자.

10 파도에 의해 침식되어 만들어진 절벽.

13 물질의 3가지 상태 중 가장 단단하고 일정한 모양과 부피를 가지고 있는 상태.

14 우리나라의 봄, 가을에 발달하는 기단으로 중국남쪽에서 올라오는 따뜻하고 건조한 기단.

17 1등급에서부터 6등급까지 별의 밝기를 실제로 측량하여 밝기의 관계를 수치화한 방정식.

					¹⤵반				
		²⤵							
³↓									
⁴→		분		★	⁵↓법				
							⁶↓		
					⁷→				
		⁸↓		⁹→용	¹⁰↓			★	
¹¹→						¹²→			
				★	¹³↓		즈		
	¹⁴↓양		¹⁵→절						
		¹⁶→	¹⁷↓						
	★								
	¹⁸→		★	정					

➡️ **가로 열쇠**

2 석회암 지대에서 탄산칼슘이 빗물에 녹아 깔대기 모양으로 움푹 파여 만들어져 경작이 가능할 정도의 지형.

4 뇌 안의 시냅스에서 전기신호를 수신하는 역할을 하며 나뭇가지처럼 다수 퍼져 있는 뉴런을 이루는 신경세포 중 하나.

6 지하에 마그마가 들어 있는 장소.

9 파충류나 양서류, 절지동물 등에서 발생하며 성장단계에 맞추어 피부 껍질이나 허물이 벗겨지는 현상.

10 외부자극을 중추신경에 전달하는 역할을 하는 신경.

11 뼈와 치아를 만드는 무기질 영양소.

12 원소기호 Na, 원자번호 11번 원소.

13 로켓이 소정의 코스를 자동으로 비행하도록 로켓 본체에 설치한 장치.

15 포유류나 조류 등이 폐로 하는 호흡.

17 지구, 수성, 금성, 화성처럼 단단한 지각을 가진, 밀도가 높은 행성들을 지칭하는 말.

18 상온에서 굳은 상태의 지방에 포함되어 있으며 분자를 이루는 탄소 원자가 단일 결합으로 되어 있는 지방산.

⬇️ **세로 열쇠**

1 뉴런을 구성하는 신경세포의 하나로 한 개의 뻗어 나온 돌기로 구성되어 있으며 근육이나 다른 뉴런에 자극을 전달하는 일을 하는 신경세포.

3 35만~3만 년 전 유럽에 분포해 있었으며 독일 네안데르 계곡의 석회암 동굴에서 발견된 화석 인류 .

4 눈 안에 있는 볼록렌즈 모양의 기관으로, 빛을 모아주는 역할을 함.

5 학습과 기억에 관여하며 감정 행동 및 일부 운동을 조절하는 기능을 하는 뇌의 깊숙한 안쪽에 자리하고 있는 기관.

7 원소기호 Mg, 원자번호 12번 원소.

8 빛의 굴절에서 전반사가 일어나기 시작하는 입사각.

10 파장이 아주 짧아 큰 에너지를 가지고 있는 전자기파.

11 원소기호 K, 원자번호 19번 원소

12 자궁에서 난소까지 뻗어 있는 두 개의 가느다란 관으로 수정란이 자궁으로 이동하는 통로.

14 단백질 합성과정에서 유전 정보를 담고 있는 DNA와 RNA를 아미노산 서열로 변화시키기 위한 대응 규칙.

15 폐렴을 일으키는 주요 원인균.

16 산성 색소에 염색이 더 잘 되는 세포.

1↓

2→ 3↓

4↱ 기

5↓

6→ 7↓ ★ 체 8↓

9→ 탈

10↱

11↱

12↱ 나

13→ 14↓

15↱ 폐 16↓

17→ ★ 성

18→ 포

➡️ 가로 열쇠

2 아미노산과 우론산으로 이루어지는 복잡한 다당류의 하나

3 세균보다 미세한 병원균으로, 스스로 번식하지 못하고 생명체의 세포를 숙주로 해 병을 일으키는 감염성 입자.

5 포자식물이라고도 하며 꽃이 피지 않고 번식하는 식물의 총칭.

6 이자액이나 쓸개즙의 분비를 촉진시키는 단백질 호르몬.

8 적혈구 속에 다량 포함되어 있으며 적혈구가 붉게 보이는 원인이 되는 혈색소.

11 실온에 놓아두면 분리되는 혈액에서 하단의 혈병 위에 떠 있는 담황색 액체 부분.

12 흉선에서 분화 발달하여 B세포와 함께 몸의 항체를 만드는 면역에 관여하는 림프구.

15 혈액의 응고와 지혈작용에 관여하는 아주 작은 혈구.

17 백혈구의 한 종류로 특정 감염과 기생충에 대항하는 면역세포.

18 건강한 사람의 피부나 모공 속에 서식하며 화농성 감염증과 식중독을 일으킨다. 페니실린의 발견에 단서가 된 세균.

20 동물체 내에서 거의 모든 조직에 분포하고 있으며 병원균을 포식하여 소화하는 기능을 갖는 대형의 아메바상 세포.

⬇️ 세로 열쇠

1 부신 피질 호르몬이라고도 불리며 강력한 항염 작용과 면역, 알레르기 반응 억제 작용을 하는 약제.

2 알레르기와 염증에 관여하는 물질로 알레르기성 천식, 모세혈관 확장, 콧물이나 부종 등을 일으킴.

4 인간을 포함한 모든 동물의 몸을 이루는 구성 단위.

7 표면파의 일종으로 지표면에 수직인 평면 내에서 타원을 그리며 운동하며 러브파보다 속도가 느리게 도착함.

9 $C_3H_5(OH)_3$의 분자식을 가진 음식물 보존, 건조 방지제, 감미료 등으로 쓰이는 무색무취의 알코올의 하나.

10 혈액 속에 적혈구나 헤모글로빈 수가 감소하여 어지럼증이 나타나는 증상.

13 알레르기, 천식, 이물질 자극에 반응하거나 조직 손상을 감지해서 히스타민을 방출하는 세포로, 비만세포로도 불림.

14 전신 혈관을 흐르며 산소를 공급하고 이산화탄소를 제거하는 붉은 혈액세포.

16 심장 안에 존재하는 막으로, 심장으로 들어오는 혈액의 역류를 방지하는 일을 함.

17 골수에서 만들어지는 백혈구의 대부분을 차지하고 있는 세포로 감염이나 조직 손상 시 가장 먼저 도달하는 세포.

19 물질의 촉매 역할을 끝낸 후 원래 상태로 돌아오지 않고 반응한 물질과 같은 상태에 있는 촉매.

			1↓					
				2↱				
		3→	이					
					4↓			
				5→				
					6→		7↓	
		8→	9↓	10↓빈				
				11→				
		12→세					파	
	13↓마			14↓				
				15→	16↓			
		17↱	구					
18→			19↓균					
			20→					

1 태양의 궤도를 도는 혜성으로, 주기는 약 76년이며 영국의 천문학자 이름을 땄다.

4 폐정맥을 통해 심장으로 들어온 피가 좌심방을 거쳐 모이는 곳으로, 강한 펌프질을 통해 동맥으로 피를 전달한다.

6 전자 결합에 참여하지 않는 전자가 드러나도록 표시한 화학식으로 원소기호 둘레에 원자가전자를 점으로 나타낸 것.

8 기체의 분자량과 확산 속도와의 관계를 정리한 법칙으로 가벼운 분자는 빨리 움직이고 무거운 분자는 느리게 움직인다는 법칙.

10 공기가 냉각되면서 포화상태에 이르러 수증기가 방울이 되어 맺히는 현상.

13 잎의 기본조직계를 구성하는 조직 중 하나로 엽록체를 가지고 있어 광합성을 하는 것이 주된 역할이며 잎의 책상조직 세포에 흡수되고 남은 빛을 이용하여 광합성을 수행하는 조직.

15 1kg의 물체가 중력가속도 $9.80665m/s^2$인 장소에서 나타나는 중량.

17 액체가 기체가 될 때 외부에서 흡수하는 열.

18 전기가 흐르는 도체 안에서 두 점 간의 전기적 위치에너지의 차이를 말하는 것으로 전위차가 높을수록 전기의 흐름은 강해짐.

19 태생을 하며 젖을 먹여 새끼를 기르는 척추동물의 총칭.

20 동물체 내에서 거의 모든 조직에 분포하고 있으며 병원균을 포식하여 소화하는 기능을 갖는 대형의 아메바상 세포.

2 별자리의 다른 말.

3 압력이 일정할 때 기체의 부피는 종류에 관계없이 온도를 1℃씩 올리면 0℃일 때 부피의 1/273씩 증가한다는 법칙.

5 화합물 속에 포함되어 있는 성분 원소의 원자 수 비율을 가장 간단한 정수비로 하여 각 원소기호 뒤에 붙인 식.

6 혈흔에 닿으면 발광하는 시약의 성질을 이용하여 혈흔 반응을 알아보는 검사법의 하나.

7 도시의 매연과 오염물질이 모여 마치 안개처럼 보이는 것.

9 물을 함유하고 물질이 외부에서 가해지는 힘을 받았을 때 점도가 높아지는 현상.

11 동물들의 조직과 조직을 연결하여 기관을 형성하게 하는 조직.

12 크기가 같고 평행선상에서 서로 방향이 반대인 두 힘이 물체에 작용하여 나타나는 한 쌍의 힘.

14 항체를 만드는 세포로 T세포와 B세포가 있음.

15 골수가 아닌 흉선에서 분화 발달하며 바이러스 감염을 받은 자신의 세포나 암세포를 파괴하여 죽이는 면역세포 중 하나.

16 세포가 분화되어 늘어나는 현상.

17 공기가 모여 누르는 힘.

18 전하의 흐름.

		1→ 핼		2↓					3↓	
				4→		5↓				
		6↱		7↓		식			★	
				8→ 그	9↓			★		
		★								
		10→	11↓							12↓
							15↱ 킬			
13→	14↓ 면				16↓					
			17↱							
		18↱								
	19→		류	20→	식					

➡️ 가로 열쇠

1 산소의 공급 부족으로 충분한 연소가 일어나지 않아 그을음이 생기는 현상.

4 마그마가 지표면에서 식어 굳어져 만들어진 암석의 총칭.

7 외부의 온도에 따라 체온이 변하는 동물.

8 회전하고 있는 물체가 회전하고 있지 않은 물체의 중심축을 중심으로 도는 현상. 지구가 태양을 중심으로 25800년의 주기로 하는 운동.

9 바람에 의한 모든 재해.

11 공기 속을 운동하는 물체가 공기로부터 받는 저항.

14 면역체계에 문제가 생겨 면역체계가 형성되지 않은 질환.

15 석회암 동굴의 천장에 지하수가 스며들어 떨어질 때 지하수에 녹아 있던 탄산칼슘이 맺혀 고드름 모양을 형성한 것.

16 불투명체의 표면을 반사 조명에 의해 관찰하는 현미경.

18 다른 생물의 몸에 들어가 영양분을 흡수하여 살아가는 동물.

20 지진의 규모를 나타나기 위한 리히터가 제안한 척도.

21 강이나 연못 바닥에 살고 재생능력이 뛰어나며 무성생식과 유성생식을 하는 자웅동체의 대표적인 편형동물.

22 물의 힘으로 전기를 만들어 내는 방법.

⬇️ 세로 열쇠

2 곤충이 애벌레에서 번데기를 거쳐 성충이 되어가는 과정.

3 음식물을 섭취한 후 세포에 흡수될 수 있는 상태로 잘게 분해되는 과정.

5 정상세포가 다양한 원인에 의해 무한 증식하여 정상세포와 숙주를 파괴하는 세포.

6 지구의 위도권을 따라 동에서 서를 향하여 부는 바람.

10 깊은 바다 안에 융기해 있는 지형.

11 원자들이 공유 결합으로 묶여 있는 결정.

12 전류가 흐르지 않아도 자석의 성질을 띠며 강한 자성으로 오랜 시간 자석의 성질을 잃지 않는 자석.

13 한쪽 방향의 반응이 너무 크고 빨라서 반대 반응이 나타날 수 없는 화학 반응.

15 진화론을 설명한 찰스 다윈의 저서.

17 유기물을 분해하여 생명 활동에 필요한 ATP 에너지를 만드는 세포 구성 물질 중 하나.

19 곤충에 의해 꽃가루 수분을 받는 꽃.

21 막스 플랑크가 빛의 양자화를 제안하면서 등장한 상수로 기호는 h이다..

¹→	²↓완		★	³↓					
				⁴→화	⁵↓			⁶↓	
⁷→					⁸→				
							⁹→	¹⁰↓	
					¹¹↱		★	저	
	¹²↓			¹³↓					
						★			
	¹⁴→		★	역	★				
¹⁵↱				★					
				¹⁶→		★	¹⁷↓미		
★									
¹⁸→기		¹⁹↓							
		²⁰→							
				²¹↱플					
						아			
				²²→					

➡️ 가로 열쇠

1. 일상생활 속에서 크기만을 나타내는 양.

4. 풍선 모양의 기구나 낙하산에 관측 장비를 탑재하여 데이터를 수집한 후 상층 대기의 기상을 관측하여 지상으로 송신해주는 측정 장치.

6. 하천이나 바다의 연안에 있는 퇴적물에 의해 바다와 분리되어 있는 얕은 호수.

7. 이자액이나 쓸개즙의 분비를 촉진시키는 단백질 호르몬.

9. 피부 표면 아래 부분에서 분화한 세포로 시간이 흐르면 각질의 형태로 표면으로 이행하거나 남아서 세포 분화를 하는 세포.

11. 단위는 볼트로 전지나 발전기의 두 단자의 전위차를 일정하게 유지시키는 능력.

13. 흑녹색, 흑색, 흑갈색을 띠는 운모와 같은 결정구조를 가지는 광물.

14. 몸 안에 침입한 바이러스의 작용을 약하게 하거나 소멸하게 하는 약.

17. 북아메리카에서 발견된 각룡류인 백악기의 초식공룡으로 머리에 3개의 뿔과 프릴을 가진 것이 특징.

19. 전기가 통하는 물질.

20. 지표를 따라 수평으로 진행하는 지진파로 피해가 막대함.

22. 유수와 바람 등 다양한 자연적 요인의 침식작용에 의해 운반된 물질이 오랜 기간 쌓여 만들어진 모든 암석의 통칭.

24. 같은 기압을 가진 곳을 연결한 선.

⬇️ 세로 열쇠

2. 강력한 화산의 분출로 꼭대기가 없어지거나 꺼져서 만들어진 지형에 물이 고여 만들어진 호수.

3. '미분화' 세포로 여러 종류의 신체 조직으로 분화할 수 있는 능력을 가진 세포.

5. 3억 6700만 년 전부터 2억 8900만 년 전까지의 고생대 5번째 시기.

6. 9500만 년 전부터 3억 4500만 년의 기간으로 고생대 4번째 시기.

8. 입자가 큰 미립자의 산란으로 인해 빛의 통로가 밝게 보이는 현상.

10. 회전운동을 하고 있는 물체의 회전축이 움직이지 않는 어떤 축의 둘레를 회전하는 현상.

12. 온도에 따라 물질의 저항이 달라지는 값을 이용하여 만든 온도계.

15. 봄과 가을에 나타나며 중심위치가 머물러 있지 않고 움직이는 비교적 소규모의 고기압.

16. 대류권의 상부 또는 성층권의 하부 영역에 좁고 수평으로 부는 강한 공기의 흐름.

18. 독일의 수학자이자 천문학자로 행성은 타원궤도를 돈다는 행성 운행 법칙을 제안하고 자신의 이름을 따 명명했다.

21. 탄저병 백신, 광견병 백신, 닭 콜레라 백신을 만들었고 저온 살균법을 개발한 프랑스의 세균학자.

23. 소장의 융털 안에 있는 림프관.

24. 같은 해발고도를 연결하여 지표의 높낮이를 표시한 선.

1→	2↓								
						3↓			
	4→			5↓					
6↱	호					7→ 세		8↓	
			9→ 기		10↓				
11→	12↓								
				13→					
	14→ 항	15↓		16↓					
	★			17→		18↓ 케			
	19→		★			20→		21↓	
							22→		23↓
	24↱	압							
									관

가로 열쇠

1 중생대 3기중 마지막 시기로 약 1억 3,500만 년 전부터 6,500만 년 전까지의 기간.

3 조수간만의 차에 있어 하루 중 가장 해수면이 높은 시간.

4 식물의 잎에서 광합성으로 만들어진 양분이 줄기나 뿌리로 이동하는 통로.

7 날씨, 군사, 통신 등의 다양한 목적을 위해 지구 궤도에 쏘아 올려 지구를 공전하는 인공물.태양 주위를 도는 행성과 혜성 등이 태양을 한 바퀴 도는 시간.

9 동물이 자신의 보호를 위해 주변의 상황이나 환경에 맞게 몸을 변화시키는 것.

11 해변으로부터 깊이 약 200m까지의 완만한 경사의 해저지형.

13 화산이나 간헐천 등 지하의 뜨거운 물이나 증기를 끌어올려 발전하는 형태.

15 물질이 산소와 결합하는 현상.

17 물의 흐름에 의해 만들어지는 계곡.

18 고생대 실루리아기부터 쥐라기까지 바다에 번성하던 화석조개.

21 '행성운동' 제1, 2법칙을 발표한 독일의 천문학자.

22 전기적으로 중성인 소립자.

23 우주공간에 있는 천체로부터 복사되는 전파를 관측하기 위한 장치를 총칭하는 말.

세로 열쇠

1 별의 진화단계 중 마지막에 해당되며 별의 표면물질은 방출되고 나머지 축퇴된 물질로 이루어져 있는 청백색의 별.

2 물질의 3가지 상태 중 하나로 모양과 부피를 가지고 있지 않은 상태.

3 뉴턴이 설명한 법칙으로 우주상의 모든 물체에 작용하는 서로 끌어당기는 힘.

5 뉴턴의 제1운동법칙으로 모든 물체가 자신의 운동 상태를 그대로 유지하려고 하는 현상.

6 지질시대 중 고생대 최초의 시대보다 앞선 시대를 통칭으로 부르는 명칭.

8 기준면에 대하여 높이(h)를 가진 모든 물체가 갖고 있는 에너지.

10 빙하의 침식에 의해 생긴 계곡으로 계곡의 양쪽은 높이 솟아 있고 바닥은 평평한 모양이 특징인 계곡.

12 화학식 H_3BO_3.

14 모든 전기현상의 근원이 되는 실체로 물체가 띠고 있는 정전기의 양.

16 용암이 지표면에서 식어 굳어진 암석들의 총칭.

19 크기의 단위가 10억분의 1m인 초미세 입자.

20 머리에 세 개의 뿔과 넓은 프릴을 가진 백악기 후기에 살았던 초식공룡.

22 아인슈타인이 일반상대성이론에서 존재를 예측한 파동으로 2015년 라이고 관측소에서 포착해내 증명됨.

					1↱백		2↓		
		3↱					4→	5↓	
6↓선									
		7→		8↓	성			9→	태
									10↓
11→		12↓붕		13→			14↓		
		15→	16↓				17→		
		18→		19↓	이		20↓		
							21↱케		
		22↱							
	23→	파							

과학 용어 퍼즐

1 (왼쪽 위)

대					
륙					
대	륙	붕			
	산	화			
	산				
	암	모	나	이	트
			노	리	
			입	케	플	러
	중	성	미	자	라
		력		톱	
전	파	망	원	경	스

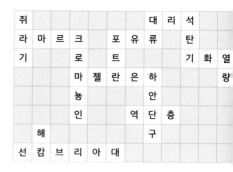

2 (오른쪽 위)

쥐				대	리	석	
라	마	르	크	포	유	류	탄
기		로		트		기	화	열
		마	젤	란	은	하		량
		농			안		
		인		역	단	층	
	해			구			
선	캄	브	리	아	대		

3 (왼쪽 아래)

		나	이	테			
수	정	란	스				
		히	토	성			
대	동	맥	스				
			테	티	스		신
			론	페			경
				이			세
				스		포	도	당
				X	염	색	체	단
						기		백
					서		세	포	질
					열			화
						수	용	체
								액

4 (오른쪽 아래)

아	틀	라	스			
파		돈				
토						
사	바	나	★	기	후	
우		선				
르		은				
스		하	현	달		절
			팽			지
			이			동
			관	엽	식	물
				록		
			추	상	체	
			대			
			성			
			원	자	기	호
			리			

5

			칼					
열			데	본	기			
량			라		전	반	사	
보	이	저	호		력		차	
존		기				진	원	
의		압	점			공		
★			판			방	사	능
법			암	맥		전		동
칙				놀			전	위
				이	리	듐		성

6

표	준	시	간	대		자	체	유	도			
	성			폭		색			너			
	전			발	열	반	응		준			
	파			★		병			위	산		
삼	원	색		우						성		
		수		주						우	발	레
전	위	차		론							광	
											성	
											운	해
												일

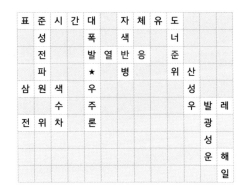

7

	해	들	리	세	포					다	가	항	체
월	식				자	기	력	선				바	
	대	적	점		생			스				이	
	지			일	식			팩				러	
				주				트	라	이	아	스	기
			권	운				럼		중		제	
				동						결			
									결	합	조	직	
									정		혼		
											색		

8

알	파	선						
	상							
	운	동	마	찰	력			
		맥		스			폐	
				★			경	
				다	가	염	색	체
				윈		화		
						수		
						소	포	체
								세
					시	각	세	포
								★
								분
						기	화	열

퍼즐 9 (왼쪽 위)

판	구	조	론						
	아								
닌	히	드	린	반	응				
		브			베	게	너		
		로	스	뷔	파	이			
		이				지	각		
		파	네	트	세	포		속	
		동		립				도	체
				시	트	르	산		감
				노			화		온
				겐			알	베	도
				루					
				미					
				늄					

퍼즐 10 (오른쪽 위)

	알	짜	힘					
			의		고	산	식	물
			★		분			
		평	균	원	자	량		
	결	정	형			대	전	열
	정					기		팽
지	구	온	난	화		기	압	창
	조		석	탄	액	화		
			인		체			
			류		질			
					소			

9 10 11 12

퍼즐 11 (왼쪽 아래)

											작	
			지	진	★	해	일				용	
평	형	이	동			마			연	쇄	반	응
균			설						료		작	
속									전		용	
중	력	★	퍼	텐	셜	★	에	너	지	의	의	
성											★	
자						가	속	도	의	★	법	칙
별	자	리									칙	
		아										
스	푸	트	니	크	★	계	획					
식			레			면						
★			이			활	성	산	소			
해			터			성						
안						제						

퍼즐 12 (오른쪽 아래)

볼	츠	만	상	수						
타		유								
전		인	공	위	성		할			흑
지		력		장	로			충	적	운
	호	이	겐	스	원	리				모
	르				자					
	몬		마	찰	력					
			★							
발	광	★	성	운						
반	성	유	전		염					
	성				색					
생	장	점			체					
		식								

13

		울			모	
수	타		진	핵	세	포
곧	은	뿌	리	분	자	혈
		조		운		관
등	속	직	선	운	동	
전					접	
위			불	균	일	촉 매
해	면	조	직	꽃		변
	혈		염	산	반 응	성
	작		화		응	암
	용	천	수			
			소			

14

			취			
			송			
		산	악	난	류	
			안			
세	페	이	드	변	광	성
			레		엣	
로	라	시	아		장	
슈			스			퀘
한		단	진	동		이
계		층		일	백 중 사 리	
			과		악	
	고		정	전	기	유 도
	지	구	수	축	설	
	자					
	기					

15

특	수	상	대	성	이	론
이		마				
점		젤				
	이	란	성	쌍	생	아
		은	떡			다
		하	잎	자	루	이
			★	미	토	콘 드 리 아
			식	놀		몬
	연	체	동	물	하	드
	주			안	산	암
	시	베	리	아	★	기 단 정
	차				구	상 성 단
						층

16

	이					
자	오	선		중	성	자
기			북	극	성	
력				미		강
선	상	지		자	기	장
	대					동
	속			극	피	동 물
	도	파	민	뢰		
		꽃	받	침		
		식				
편	형	동	물			

17 / 18 / 19 / 20 과학 용어 퍼즐

(퍼즐 17 — 좌상단)

			습					
V	자	계	곡					
	기							
	★		지	괴	산	지		호
앙	부	일	구					상
상		대	륙	판			열	곡
				게	놈	지	도	
카	시	오	페	이	아		지	
	로						작	
	라	디	오	파	용			

(퍼즐 18 — 우상단)

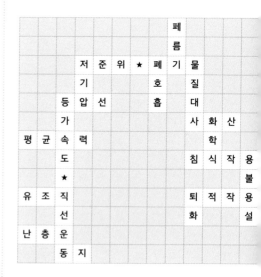

						폐				
						름				
	저	준	위	★	폐	기	물			
	기				호		질			
	등	압	선		흡		대			
	가				사	화	산			
평	균	속	력			학				
	도				침	식	작	용		
	★							불		
유	조	직			퇴	적	작	용		
	선				화			설		
난	충	운								
동	지									

17 18
19 20

(퍼즐 19 — 좌하단)

비	가	역	★	반	응	
타					회	
민		화	성	암		
D	N	A	층			
K		권	운			
줄	기	세	포	동		
리	포			마		
엣		찰	스	★	다	윈
		력		중		
			유	성	우	
			성		주	기	율
			생		론	
		개	기	월	식	

(퍼즐 20 — 우하단)

적	혈	구				
외	면	역	세	포		
선	진	로		통		
	자	토	네	이	도	
	닌	조		무	역	풍
		직	녀	성		력
			생			발
		영	양	생	식	전
			자			
			역	단	층	
			학	운	석	
					회	
					암	

21 22 23 24

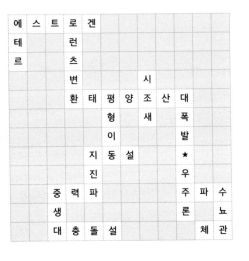

에	스	트	로	겐							
테			런								
르			츠								
			변				시				
			환	태	평	양	조	산	대		
					형		새		폭		
					이				발		
				지	동	설			★		
				진					우		
		중	력	파					주	파	수
		생							론		뇨
		대	충	돌	설					체	관

		줄								
		기	체	반	응	의	★	법	칙	
		세			고					
단	세	포	생	물						
백			화							
질			학							
			적	철	석					
			★		회					
			산		동	위	원	소		
			소		굴		심			
			★				★			
			요	오	드		분	자	설	
			구		론		리		치	환
		질	량				기		동	
									물	관

대	정	맥									
		동									
		변	성	암							
		광		모							
일	등	성		나	선	은	하				
란				이			지	진	★	해	일
성				트	리	톤				면	
쌍					보					동	면
생					솜		속	씨	식	물	
아							성				
							작		염		
							용	존	산	소	

젖	산	균									
	화						전				
	작						지				
수	용	액					의				
		화	합	물			★				
		질		관	상	조	직				
		소					력			부	
				탄	소	★	연	대	측	정	법
				수			결			합	
				화	학	식					
				물		충	상	★	단	층	
						★				적	
			무	성	생	식				운	
						물	병	자	리		

					편	마	암	
			카	드	뮴	리		
			르		아	말	감	
			스	피	룰	리	나	
			트			★		
	천	발	★	지	진	해		엽
		산		형		구	연	산
수	렴	경	계			주		
용		계				시		
기					세	차	운	동
세	정	관						시
포		족			주	계	열	성

			비			
	유	스	타	키	오	관
펩	시	노	겐	전	민	
신	르		자	A	P	T
	아			형		
	드			★		
	레			반	감	기
	날	짜	변	경	선	도	초
	린	온		체	대	
	파	동	의	★	간	섭	사
	물		섭	강	설	량
			★		치	
	무	척	추	동	물	
	늬			물		

		혈	우	병				
			열					
	독	립	의	★	법	칙		
	거		★					
	미		법					
분	리	의	★	법	칙	블	리	자	드
자		성				랙		
설		운	반	작	용	홀	로	그	램
		성				리		
		유			엘	니	뇨	
		전	반	사		치		
			막			천		
		활	화	산		문		
		소	행	성	대			

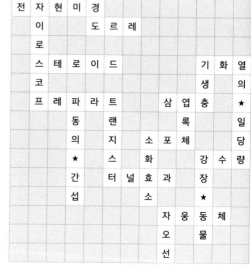

전	자	현	미	경				
	이		도	르	레			
	로							
	스	테	로	이	드	기	화	열
	코				생	의	
	프	레	파	라	트	삼	엽	충	★
		동	랜		록	일	
		의	지	소	포	체	당	
		★	스	화	강	수	량	
		간	터	널	효	과	장	
		섭	소		★		
			자	웅	동	체	
			오	물			
			선				

25 26 27 28

29 30 31 32

29 (상단 왼쪽)

					헬	륨			
			주	상	절	리			
		물	결	파		코			
괴	혈	병	수	박	테	리	아		
		자		터		밀	물		
		리		★		라			
		파				아			
슈	뢰	딩	거	의	★	고	양	이	제
퍼						어	는	점	
옥	시	토	신	대		리	전		
사		생	기		하	현	달		
이		대	류	권			팽		
드							이		
					암	죽	관		
						흑			
						물			
						질			

30 (상단 오른쪽)

				무	기	호	흡			
	세			척		열				
헤	기			추		반				
모	세	관	현	상		동	응	고	열	
글		지	쇄	설	물				성	
로		간							형	
빈	혈		섭	씨	온	도			질	
소			대							
판	막		지							
			방	상	★	절	리			
			피				만			
			B	세	포		★			
			포				해			
				연	안	류				

31 (하단 왼쪽)

			구	조	식			
			루	세				
		각	기	병	포			
횡	격	막		작	은	곰	자	리
세				용				
유								
전	자		난					
유	성	생	식					
낙						편	서	풍
하	위	헌	스	★	원	리		력
치								발
에	테	르						전
너								
지	질	시	대					
소								

32 (하단 오른쪽)

			코	로	나			
				프	레	온	가	스
				오	비	탈	난	
					렌	★		
						전		
			파	커	★	탐	사	선
플	라	즈	마			차		
루	찰		원	자	번	호		
오	로	라	★					
린	계							
수	소	폭	탄					
수	수	용	기					
★	화							
콜	물							
로								
이	온	결	합					
드	성							
세	뇨	관						
제								

퍼즐 33 (왼쪽 위)

	전	기	장						
		전							
	무	중	력						
		력		열	병	합	★	발	전
		가			렬				
		속		연	쇄	반	응		
조	명	도		결		사			
류						망			
★						원			
인	공	지	능			경	도		
플			동		자		체	절	
루	동	위	원	소	기				대
엔		성	수		부				온
자			성		상	대	속	도	
			기	화	열				
					차				

퍼즐 34 (오른쪽 위)

						그	물	맥	
						레			
						고	지	혈	증
			수	염	뿌	리			산
	말	초	신	경		력			작
		끈		재				용	암
		이	배	위	결	합			혹
		론		크					물
				보	존	형	경	계	질
X	와	★	Y	보	손		도		
			염		지	균	풍		
			색		평				
		사	구	체	좌				
		조			표	준	화	석	
시	성	식			계				
리									
우					발				
스	펙	트	럼	★	계	열			
					량				

퍼즐 35 (왼쪽 아래)

	섬	퓨	퓨	릴	★	알	코	올		
볼	록	렌	즈					리		
	암							고		
					단	당	류			
					일					
				공	유	결	합			
					유	합				
					전			절		
			양	성	자		항	대		
			이	쌍	극	성	이	온		
			화	씨	온	도		도	금	
			학						속	
			반	응	속	도	식	화	결	
			응				화	학	결	합
			식					평		
							평	형	이	동

퍼즐 36 (오른쪽 아래)

			삼	릉	석							
			각									
		우	주	정	거	장						
					문							대
					고	유	주	파	수			
					자		광					
복	사	열			리		성	장	★	호	르	
	역									모		
	학	갈	라	파	고	스				★		
	★	락								사	바	
	제	토					엔	트	로	피		
	1	오								엔	스	
	법	스	콜							스		
	칙	레			할	로	라	시	아		미	
		스	에	스	테	로	겐				노	
			롤									
			산	호								

[37~40] 낱말 퍼즐 정답

37

	우	라	늄							
		라								
		미	란	다						
배	머	드		환	원	★	반	응		
		★		추		고	기	압		
	조			세		비	열			
	산	화		포		틀				
	운					림	프	관		
	동					★	상	충	운	
						저	동		동	
						울	맥		신	
	갈	축							경	
	조	혼	색			자	율	신	경	계
	류	돌	연	변	이	연				
		기		자	외	선				
				액		택				

38

	중								
보	이	저	★	계	획				
					득	순	상	지	
A	B	O	★	혈	액	형	상		
				소	질	소	산	화	물
				판		화		산	
				갑	상	샘			
				각					
				녹	조	류			
				는					
감				각	점				
섬					풍	화	작	용	
석	회	동	굴		식				해
				절	지	동	물		
				굴					

39

				오	리	온	자	리		
				르				소		
흡			체	감	온	도	오	좀		
수	소	이	온			비	버			
스			방	출	스	펙	트	럼		
펙	틴		상		기		러			
트		주	상	절	리		스			
럼		향		리		제	트	기	류	
		이			1					
닫		동		세	페	우	스	자	리	
힌	지	단	충			주				
우		충				속				
주			H	-	R	도				

40

슈	테	판	볼	츠	만	공	식		
		상					변		
단	충	절	벽		폐		광	호	흡
열		리		갈	색	왜	성		
변					전				
화	산	탄			선	량	한	도	
		소					랭		부
곤	드	와	나	대	륙		전	향	력
	브		노		베	타	선		
	로		튜		크				
	이		브		렐				
	파								
	동	안	경	계	류				

41

		유	글	레	나			
			리					
			세					
	인	슐	린		분	별	결	정
	공			광				
	방	해	석	쌍	둥	이	자	리
	사	회	성			율		
	선	동				신		
		굴	절	★	망	원	경	
			대					
			등	전	자	이	온	
겉	보	기	등	급		난		
	호				전	해	질	
	색	맹			선		량	
							수	

42

		말	토	스						
	엔	트	로	피	피					
	탈			기	룰					
	피		소	리	칼					
		모	양	체	나	트	륨	펌	프	
		스							리	
시	신	경							즘	
		도								
마	찰	계	수							
이				티	록	신				
오	목	거	울		단		피	오	르	드
세				당	단	백	질			
		무	기	염	류					
		다								
		리								

41 42
43 44

43

		국	제	★	우	주	★	정	거	장
			각					대		
	국	지	성	★	호	우		★		
		구						분		
표	준	모	형		빛	의	★	입	자	설
		★			의					
		행			★					
	염	기	성		허	파	동	맥		
	기		초			동		박		
	서		전	성	설					
뎅	기	열	도							
생		체	세	포	★	분	열			
충			도							
			상							
		적	아	구						
		색		균						
		편								
	다	이	오	드						

44

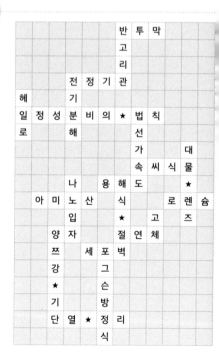

						반	투	막		
						고				
						리				
			전	정	기	관				
헤		기								
일	정	성	분	비	의	★	법	칙		
로		해					선			
							가			대
							속	씨	식	물
		나		용	해	도				★
	아	미	노	산		식		로	렌	슘
		입			★		고			즈
		양	자		절	연	체			
		쯔		세	포	벽				
		강			그					
		★			슨					
		기			방					
		단	열	★	정	리				
					식					

45

축
삭
돌 리 네
수 상 돌 기 안
해 정 데
마 그 마 ★ 체 임 버 르
그 계 탈 피
네 감 각 신 경 인
칼 슘 마
나 트 륨 선
팔
관 성 유 도 장 치
전
암
폐 호 흡 호
렴 산
지 구 형 ★ 행 성
균 세
포 화 지 방 산

46

스
테
로 히 알 루 론 산
바 이 러 스
드 타 동
민 꽃 식 물
세 크 레 틴
헤 모 글 로 빈 포 일
리 혈 청 리
T 세 포 파
마 롤 적
스 혈 소 판
트 호 산 구 막
세 중
황 색 포 도 상 구 균
일
촉
매 크 로 파 지

45 46
47 48

47

핼 리 혜 성 샤
좌 심 실 를
험 의
루 이 스 전 자 식 ★
미 모 법
놀 그 레 이 엄 의 ★ 법 칙
★ 이
반 놀
응 결 즈
합 현 짝
조 상 킬 로 그 램 힘
면 조 직 분 러
역 기 화 열 T
세 전 압 증 세
포 유 류 대 식 세 포

48

불 완 전 ★ 연 소
전 화 산 암 편
변 온 동 물 세 차 운 동
태 포 풍 해
공 기 ★ 저 항
영 비 유 산
구 가 ★ 맥
자 가 ★ 면 역 ★ 결 핍
종 유 석 ★ 정
의 반 사 ★ 현 미 경
★ 응 토
기 생 충 콘
원 매 그 니 튜 드 드
화 플 라 나 리 아
랑 아
크
상
수 력 발 전

49

스	칼	라	량							
	데					줄				
	라	디	오	존	데	기				
석	호				본	세	크	레	틴	
탄			기	저	세	포			들	
기	전	력			차				현	
기				흑	운	모			상	
저					동					
항	바	이	러	스	제					
★	동				트	리	케	라	톱	스
온	성				기		플			
도	체	★			류	러	브	파		
계								스		
	기							퇴	적	암
	등	압	선					르		죽
	고									관
	선									

50

					백	악	기
		만	조	색		체	관
선		유		왜		성	
캄		인	공	위	성	의	태
브		력	치			법	
리			에			칙	
아			너				U
대	륙	붕	지	열	발	전	자
	산	화			하	류	곡
	산		암	모	나	이	트
			노			리	
			입		케	플	러
	중	성	미	자		라	
	력					톱	
전	파	망	원	경		스	

49 | 50

부록

용어 해설

갈라파고스

다윈의 진화론에 영감을 준 섬으로 유명하다. 특히 핀치새는 다윈의 진화론의 상징과도 같다.

갈라파고스의 모습과 그곳에 살고 있는 푸른발 부비새.

강장동물

속이 비어 있고 입 주변에 있는 촉수를 쏘아 먹이를 사냥한다. 말미잘, 산호초 등이 있다.

산호초   말미잘

게놈지도

유전 정보를 담고 있다.

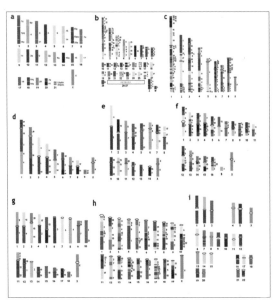

a부터 l까지는 조류와 포유류(새, 닭, 밍크, 여우, 돼지 등등)의
유전 정보를 담고 있다. 이 중 l는 인간의 유전 정보이다.

권운

상층운에 속하는 구름으로,
10가지 구름 중 하나. 하얗
고 섬세한 느낌의 줄무늬
등을 가지며 새털구름이 이
에 속한다.

나선은하

허블우주망원경이 촬영한 나선은하 NGC 1300.

능동위성

탑재된 중계용 기기가 지구
상의 어떤 지점에서 보내오
는 전파를 수신해 증폭시킨
후 다시 지구상의 수신 지
점에 보내는 것을 목적으로
하는 통신 위성.

대충돌설

원시 지구에 화성 크기의 천체가 충돌하여 생긴 파편이 달이 되었다는 가설로, 달과 지구의 성분비 등을 그 증거로 들고 있다. 이 외에도 쌍둥이설, 포획설, 분리설 등이 있지만 대충돌설이 가장 많이 받아들여지고 있다.

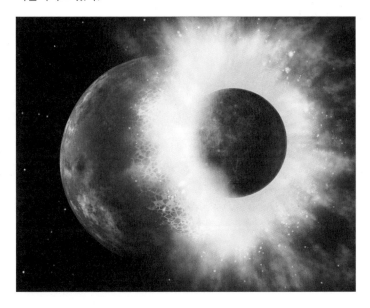

대폭발 우주론

대폭발 우주론 또는 빅뱅(big bang)은 알베르트 아인슈타인의 일반상대성이론을 바탕으로 만든 이론이다.

공간의 모든 곳과 모든 방향이 동등하다는 우주원리를 가정하여 아인슈타인 방정식을 풀어보면 다음과 같다.

우주의 과거로 거슬러 올라가면 우주는 점점 작아지다가 어느 시점에서 한 점이 되는 때가 존재한다. 이때가 우주의 시작이고 이때부터 현재까지의 시간이 우주의 나이이다. 이와 같은 이론은 우주가 팽창하고 있다(1929년)는 허블의 법칙과도 잘 맞는다. 빅뱅 이론은 현재 우리 우주를 설명하는 정설로 받아들여지고 있다.

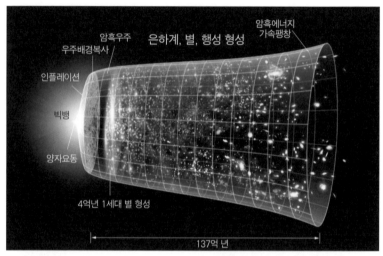

우주의 역사.

독거미 성운

대마젤란은하 속에 있는 큰 발광 성운인 독거미(타란툴라) 성운의 중앙 사진. 23세의 아마추어 천문학자 대니 라크루(Danny LaCrue)가 허블우주망원경과 WFPC2가 촬영한 이미지를 조합해 만들었다.

드론

수벌이란 뜻을 가진 무인 항공기로 제4차 산업혁명 시대에 다양한 분야에서 활용될 것으로 전망된다. 이미 미국에서는 무인배달을 시작했으며 영화나 드라마 촬영 등에도 중요하게 자리잡고 있다.

리아스식 해안

하천에 의해 형성된 V자곡이 해수면 상승으로 침수되면서 대지나 구릉 또는 산지가 해면 밑으로 가라앉아 복잡한 해안선을 이루고 있는 하천 침수지형이다.

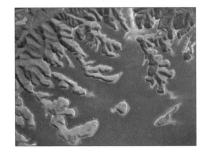

마젤란은하

대마젤란은하와 소마젤란은하를 통틀어 말하며 거리는 우리은하에서 약 16광년 떨어져 있는, 우리은하와 가장 가까운 은하이다. 불규칙은하로 간주되며 막대나선 은하로 분류되고 있다.

물병자리

태양이 지나는 길인 황도 12궁 중 11번째 자리의 별자리.

민꽃식물

꽃이 피지 않고 포자로 번식하는 식물.

솔이끼

고비

반사망원경

거울의 반사 성질을 이용해 빛
을 모으도록 만들어진 망원경.

1672년 아이작 뉴턴의 두 번째 반사 망원경의 복
제품. ⓒ Andrew Dunn, 5 November 2004.

별자리

별들을 몇 개씩 연결해 신화 속 인물이나 동물, 사물의 이름을 붙인
것. 현재는 국제천문연맹(IAU)에서 정한 표준별자리인 황도 12개, 북
반구 28개, 남반구 48개의 88개를 사용하고 있다. 이중 황도 12개
를 황도12궁이라고 부르며 우리가 알고 있는 처녀자리, 게자리, 쌍
둥이자리 등이 여기에 속한다.

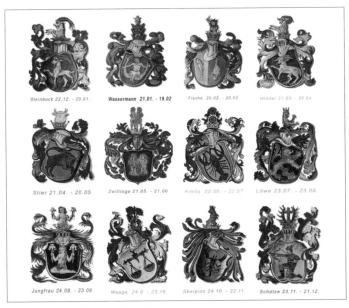

별자리-황도12궁을 나타낸 이미지.

사구체

토리라고도 부르며 콩팥소체를 구성하는 모세혈관들이 털뭉치처럼 얽혀 있는 기관.

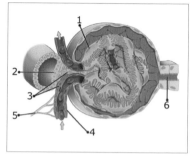

삼엽충

절지동물문에 속하며 고생대 캄브리아기에 처음 출연해 바다에 살았던 대표적인 동물.

성엣장

유빙의 순우리말.

수소 폭탄

핵분열 반응을 기초로 한
폭탄. 원자 폭탄의 수백 배
의 폭발력이 있다.

수소 폭탄

수소 폭탄이 폭발했을 때의 모습

세페이드변광성

세페우스 자리에 있는 변광성. 맥동 변광성이라고도 한다. 1일 미만
부터 50일 정도까지의 주기를 가지며, 변광주기를 통해 절대광도를
알 수 있으므로 세페이드 변광성이 위치한 은하, 성단까지의 거리를
계산할 수 있다.

찬드라 X-선 관측선과 스피츠 우주망원경이 촬영한 세페우스B의 이미지.

스페이스X

엘런 머스크.

미국의 민간 우주선 개발업체이다. 테슬라모터스의 최고경영자 엘런 머스크가 2002년 화성 이주의 꿈을 이루기 위해 설립했으며 팰컨 발사체와 드래곤 우주선 시리즈를 개발해 현재 지구 궤도로 화물을 수송하는 임무를 수행하고 있다.

스페이스x가 화성에 세우려는 전초기지 이미지.

스피룰리나

지구상에서 가장 오래된 조류로 다양한 비타민과 고단백질을 함유하고 있어 미래의 단백질원으로 주목받고 있다. 이

스피룰리나 영양제.

밖에도 면역력 증강과 빈혈에도 효과적이라고 알려져 있다.

아틀라스

카시니 우주선이 2007년 6월에 찍
은 토성의 15번째 위성 아틀라스.

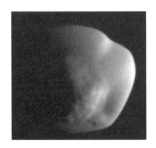

안산암

중성 화산암의 총칭. 조회장석
같은 사장석이 주요 광물이다.

암모나이트

고생대부터 중생대 백악기까지
바다에서 번성했던 화석조개. 현재 200과 1800속 약 1만 종이 알려져
있다.

앙부일구

세종대왕 때 글을 모르는 백성들을 위해 12지신을 그려 넣은 오목해시계로 만들어졌다. 하지만 현재 남아 있는 해시계는 12지신 대신 한자로 12간지가 적혀 있다.

염기서열

유전자를 구성하는 염기들을 순서대로 나열해 놓은 것으로, 아데닌(A), 구아닌(G), 시토신(C), 티민(T)의 순서로 돼 있다. 인간 유전자는 이 네 종류의 염기 30억 개가 일정한 순서로 늘어서 있다. 염기서열에 따라 키와 피부색 등 생물학적 특성이 결정된다.

구아닌, 시토신   아데닌, 티민

엽록체

식물의 세포소기관으로, 식물의 잎에서 광합성을 담당하는 엽록체 확대 사진.

운석

운석이 지구에 떨어질 때 다 타지 않고 남은 파편 암석.

운해

변종 구름의 일종으로, 높은 산이나 고층 건물 등에서 구름이 아래 방향으로 퍼져 보이는 것을 운해라고 한다.

이오

지구 밖 천체 중 유일하게 활화산을 가진 목성의 위성이다. 갈릴레오가 직접 만든 망원경으로 발견한 4개의 위성 중 하나.

 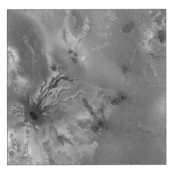

보이저1호가 촬영한 목성과 위성 이오. 이오의 화산 활동.

자기력선

자기장 안의 각 점에서 자기력의 방향을 나타내는 선으로 자기력선의 방향은 자기장 방향과 평행하며, N극에서 나와 S극을 향한다.

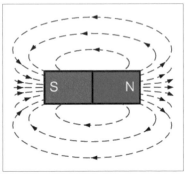

종이 위에 자석을 올려놓고 철가루를 뿌린 뒤 가볍게 두드리면 철가루가 자석의 N극에서 S극으로 향하는 자기력선을 따라 배열된다.

자이로스코프

각운동량 원리를 이용한 기계로, 어느 방향으로든 자유롭게 회전할 수 있는 바퀴가 회전할 때 기계의 방향이 바뀌더라도 회전축이 일정하게 유지된다는 사실을 이용한다. 우주 공간 등 나침반을 쓸 수
없는 상황에서 방향을 알아내는 데 쓰이며 미세전자기계시스템, (Microelectromechanical systems) 기술을 적용해 태블릿, 스마트폰 등 전자기기에 널리 사용되고 있다.

주상 절리

지표로 분출한 용암이 식을 때 수축작용에 의해 사각형에서 오각형 모양의 돌기둥 형태로 갈라진 절리. 현무암에서 잘 발달하지만 조면암과 안산암에서도 만들어진다.

제주도 서귀포시 중문동 · 대포동 해안을 따라 분포되어 있는 주상절리대. 한탄강의 주상절리

중력파

라이고 관측소에서 포착한 5가지 중력파: GW150914, LVT151012, GW151226, GW170104, GW170814.

© LIGO/Caltech/MIT/LSC.

직녀성

거문고자리에 위치하며 베가라고도 부른다. 여름부터 가을에 걸쳐 서쪽에서 볼수 있다.

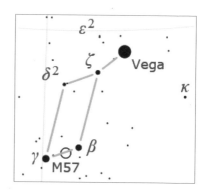

찰스 다윈

영국의 생물학자. 박물학자로서 해군 측량선 비글호를 타고 남아메리카, 갈라파고스섬 등을 비롯한 남태평양의 여러 섬과 오스트레일리아 등을 탐사하고 그 내용을 정리해 진화론의 기초가 담긴 《비글호 항해기》를 출판했다. 또한 1859년 진화론에 관한 자료를 정리한 《종의 기원》을 발표해 진화 사상을 공개했다.

카르스트 지형

석회암 지역에서 석회암이 용해, 침식되어 나타나는 모든 지형.

스페인 안달루시아에서 발견된 카르스트 지형.

칼데라호

미국 오리건 주의 캐스케이드 화산 지대와 캐스케이드 산맥에 있는
마자마산의 칼데라호.

코로나

코로나(corona)는 태양의 대기층으로, 비정상적일 만큼 높은 온도를
유지하고 있다. 하지만 밝기는 광구의 100만분의 1정도밖에 안 되
며 태양 표면에서 약 100만km 되는 태양 대기의 맨 바깥 부분에 위
치해 있다.

2012년 8월 31일, 태양에서 코
로나가 우주로 분출되는 모습.

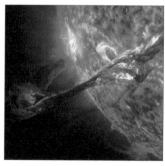

코로나 분출 모습을 좀 더 확대한
사진

크레이터

달 표면에 보이는 움푹 파인 큰 구덩이 모양의 지형을 말한다. 초기 화산 활동이나 운석의 충돌에 의하여 생긴 것으로 추정하고 있다.

달과 달의 크레이터.

크로마뇽인

프랑스 베제르 강 근처의 크로마뇽 암굴 유적에서 출토된 신인류 단계의 화석인류. 유럽 각지에서 비슷한 뼈가 출토되면서 프랑스 인류학자 J. L. A. 카트르파주가 크로마뇽인이라고 명명했다. 180cm 내외의 큰 키와 두개골의 생김새는 현대인과 닮았으며 예술적 감성이 뛰어난 동굴벽화를 남겼다.

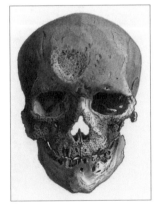

ⓒ Louveau

테티스

토성의 제3위성인 테티스를 지구와 지구의 위성 달과 비교한 사진.

트렌지스터

전류를 증폭할 수 있는 부품. 규소나 저마늄으로 만들어진 P형 반도체
와 N형 반도체를 세 개의 층으로 접합한 능동반도체소자.

트리케라톱스

백악기 후기에 살았던 초식공룡이다. 북아메리카에서 많이 발견되고
있다.

트리케라톱스-ⓒ CC-BY-4.0 Etemenanki3

티록신

갑상선에서 분비되는 호르몬으로 다량의 아이오딘을 함유하고 있다.
티록신이 과잉 공급되면 체온 상승, 혈당 증가, 체중 감소, 안구 돌
출 등이 나타나는 바제도우 병에 걸리고 티록신이 결핍되면 크레아
틴 병에 걸린다.

파커 탐사선

2018년 8월 인류 최초로 태양 탐사를 목적으로 발사된 파커 태양탐사선.

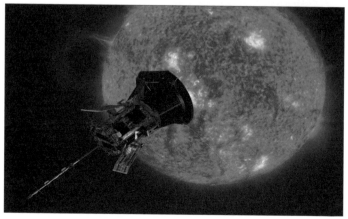

태양 탐사를 위해 발사된 파커 탐사선과 태양의 모습을 이미지화했다.

판게아

1915년 베게너가 대륙이동설을 제창하면서 제안한 가상의 원시대륙.

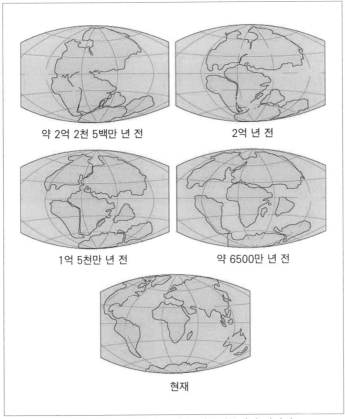

약 2억 2천 5백만 년 전   2억 년 전

1억 5천만 년 전   약 6500만 년 전

현재

판게아부터 현재 지구의 모습까지를 담은 대륙이동설의 이미지.

피오르드 해안

곡빙하의 이동으로 만들어진 U자곡으로, 빙하 침식지형이다.

해면조직

b는 책상조직, c는 해면조직. 불
규칙하게 배열된 세포들이 보인
다. 물질의 이동통로로 이용된다.

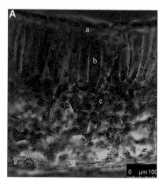

호상열도

일본은 대표적인 호상열도
국가이다.

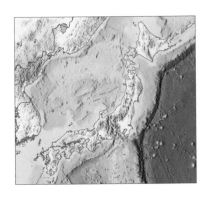

핼리혜성

76년을 주기로 태양의 주위를 돌고 있는 혜성으로 핼리가 발견했다.

1910년 5월 29일에 찍은 핼리혜성의 이미
지.

1986년 찰스턴 카운티 교육구
CAN DO 프로젝트가 찍은 은하
속 핼리혜성의 모습

허파동맥

전신에서 심장으로 돌아
온 정맥혈액은 허파에서
산소화 과정을 거치는데
이때 정맥혈액을 허파로
보내는 혈관을 말하며,
폐동맥이라고도 한다.

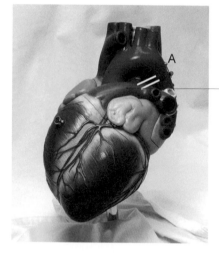

허파동맥

화산암

용암이 지표면에서 식어
굳어진 암석들.

황색포도상구균

수십 종의 포도상구균 중에서 황색의 색소를 생산하는 황색포도상구균이 식중독을 일으키는 원인 세균으로 알려져 있다. 페니실린 발견의 단서가 된 세균으로도 유명하다.

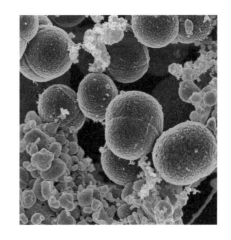

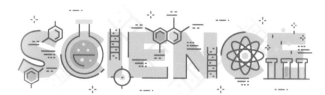